伸びるエンジニアを生み出す

豊田義博／電機総研 編

はじめに
― 「若年層からみた電機産業の魅力」研究会発足の背景と研究視界

「若年層からみた電機産業の魅力」研究会　主査　豊田義博
（株式会社リクルートホールディングス　リクルートワークス研究所　主幹研究員）

　電機産業は、高度成長期より日本のリーディング産業として、日本の発展を牽引してきた。そして、就職先としても、高い人気を維持してきた。大学生の人気企業ランキングの歴史を紐解くと、70年代から90年代にかけて、理系学生の人気企業トップ10の中で、電機メーカーは常に過半数を占めていた。10社のうち、8社を占めている年もある。しかし、その傾向は2000年代に入ると変容を見せ、最近では3社にとどまる状況が続いている。

　電機産業に入社した若手社員にも、変容がうかがえる。電機連合が2009年9月に実施した組合員意識調査では、20代前半の組合員が「仕事の将来になんとなく不安」（男性14.0％、女性19.7％）、仕事にやりがいを感じない理由として「仕事が面白くない」(男性34.3％、女性25.0％)、「仕事が自分にむいていない」（男性30.0％、女性46.4％）と回答する割合が他の年代に比べて高いなど、課題が浮き彫りになった。

　若年層にとって、電機産業は魅力ある産業ではなくなっているのだろうか。そのような状況があるとしたら、何がその要因なのだろうか。競争環境の激化、円高、主要企業の業績低迷などの要因とは別に、組織・人材の面で、どのような課題があるのだろうか。「若年層からみた電機産業の魅力」研究会は、こうした問題意識のもとに発足した。

　研究会では、三つの視点が議論された。一点目は、そもそも理系学生という母集団が縮小しているのではないかという視点、二点目は、学びとキャリアの接続がうまくいかなくなっているのではないかという視点、そして三点目は、若手社員が担当する仕事、職場環境、組織構造の変容に、企業が対処出来ていないので

はないかという視点である。こうした多面的な視点、問題意識のもとに、さまざまな仮説、検証材料を提示し、さまざまなリサーチを実施した。

まず、アンケート調査は、若年層組合員、採用担当者、そして職場上司を対象に実施した。「若年層組合員に関するアンケート調査」は、電機産業の若手社員の実態を多面的に理解するために行われたものであり、「採用に関するアンケート調査」は、採用担当者が、どのような人材をどのような手法を用いて採用しているかを問うもの、「上司アンケート調査」は、若手社員を部下に持つ管理職を対象に、若手社員の実態や課題、育成方針を問うたものである。

そして、教育の場での課題を明らかにすべく、まず大学ヒアリングにおいて、学生に対して研究室での指導や就職支援を行っている教員、および就職事務担当職員などに対して、学生の学力や学習意欲の変化、進路選択の実態及び課題などを聞いた。また、高校進路指導教諭ヒアリングにおいては、進路指導担当の教員に、中高生の理科離れや学力低下の実態、文理選択、大学選びなどの進路指導の実態などを聞いた。

さらに日本および韓国を代表する電機メーカー4社に対して実施した企業ヒアリングでは、各社の人事部長などに対して、採用の実態やグローバル人材育成の方針を聞いた。

こうした膨大なリサーチ結果をもとに、本研究会の専門委員などが分析・執筆を行っている。

「第1章　高校生の理工系離れは本当か」では、1999年に端を発する工学系離れ、特には電気・電子系の応募減少が起きたが、最近は持ち直してきたという傾向が、データやヒアリングの内容から確認されている。しかし、それは、「理系は就職に有利」いったような社会的状況によるところもあり、理工系離れに関する本質的な実態把握と対策の必要性が無くなった訳ではないことが指摘されている。また、学習時間の短縮による知識量の少なさ、受験対策などの強化によるHow to 主義の横行により、受け身な生徒が増えていることも指摘されている。

「第2章　電機業界で働く若年層技術系社員にとっての学びとキャリア」では、若手社員を、【技術系／大学院卒】【技術系／大学卒】【事務・営業系／大学卒】に区分し、彼らの入社に至るまでの進路選択プロセスを比較し、【技術系／大学院卒】の学びとキャリアの接続の良好さが指摘されている。しかし、大学、大学

院という学歴の違いが、仕事や処遇、満足度などの違いとして表れないことから、職種などの人員構成や人材要件を、大学・大学院卒に分けて明らかにすることの必要性が説かれている。

「第3章 企業エンジニアの『成長実感』と就業前経験の関係」では、成長実感を持って働くエンジニアが、どのような経験をしてきたかが分析されている。初期にスポーツや音楽などに興味関心を持ち、中等・高等教育時期に、自分が興味を持って探索できる専門領域、対象に出会い、その探求に熱中できる環境（研究室）に巡り合い、その延長上で最初の仕事を見つける、という人材が、高い成長実感を持っていることが提示されている。また、受動的な学びから主体的な学びへの転換が重要であり、その転換がうまくいかないと、研究室に所属してから大きな壁にぶつかることを指摘する。

「第4章 電機産業の魅力と競争力要因とその向上課題」では、電機業界が魅力的だと思うかどうかと競争力を担う人材かどうかにより4つのタイプに分類し、比較分析を行い、そこから「目標に向かい人や集団を引っ張る力」「課題解決のための計画を立案する力」などの能力向上支援、「個人意思が尊重される形で配属・移動が行われる」などの自発性の尊重、「能力開発・キャリア開発」への一層の支援など、企業が採るべき人事施策の方向性が提示される。

「第5章 若手理系人材の『成長の危機』〜事業創造人材の輩出に向けて、組織・仕事の再編を〜」は、若手社員の上司であるミドルマネジャーが想定する、今企業に必要な「グローバル人材」の人材像と、ミドルマネジャーが自らの部署で育成しようとしている人材像には、大きなずれがあることを抽出し、専門化・細分化に対応した分業スタイルの組織・仕事のフォーメーションからは、次世代を担うグローバル人材、事業創造人材は生まれないと指摘する。

「第6章 採用とグローバル人材の日韓比較」では、韓国企業では、グローバルスタンダードであるインターンシップからの採用を取り入れており、グローバル人材育成においても、先行的な取り組みをしていることなどが指摘されている。

「第7章 電機産業で働く"リケジョ"」では、就職やその後の仕事についての実態がほとんど明らかにされていない「理系女性」に着目し、その子ども時代から学校生活、就職活動、現在の仕事に関する意識などの分析が試みられている。分析の結果からは、多くが電機業界に対する魅力や仕事を通じた「成長」を実感

しながら働いていること、また半数程度が比較的長期の勤続を想定していることなど、会社や仕事に積極的にコミットし、意欲的に仕事に励んでいる彼女たちの姿が浮かび上がる。

「第8章　若年層からみた電機産業の魅力～調査結果からみえてきたこと～」では、研究会で実施したアンケート調査の結果から、若年層労働者の電機業界に対するイメージ、仕事の意識や満足度、さらに、電機業界に魅力を感じていることと仕事への意識・満足度との関係などについて明らかにするとともに、電機業界における採用の傾向などが概観されている。電機業界に魅力を感じている若年層は、業界イメージ、仕事の意識・満足度などについて、総じて肯定的な評価をしていること、電機業界を魅力的と感じるか否かと電機業界に対するイメージや仕事に対する意識・満足度とが影響し合っていることなどが指摘されている。

　本研究会から導かれた課題が認識され、解決、良化に向けて動き出すことを、そして、電機産業が活力を取り戻すことを、研究会にかかわった一員として、切に願う。

　また、本研究会の推進に当たっては、さまざまな人々にご協力を仰いだ。快く応じてくださった皆様に、改めてお礼申し上げる次第である。

目次

はじめに―「若年層からみた電機産業の魅力」研究会発足の背景と研究視界

第1章　高校生の理工系離れは本当か
- 第1節　教育の課題はどこにあるのか……8
- 第2節　高校教員はどう指導しているのか……12
- 第3節　技術職で活躍している理系人材の特徴
　　　　～「若年層組合員に関するアンケート調査」を通して～……18
- 第4節　これから学校は何をなすべきか……22
- 第5節　まとめ：～グローバル社会を生きていく子どもたちのために～……24

第2章　電機業界で働く若年層技術系社員にとっての学びとキャリア
- 第1節　問題意識と課題設定……26
- 第2節　若年層技術系社員にとっての学びとキャリアの接続
　　　　～【技術系／大学院卒】【技術系／大卒】【事務・営業系／大卒】の比較から～……28
- 第3節　若年層技術系社員にとっての、
　　　　学卒就職と大学院卒就職の入社後のキャリアの違い……39
- 第4節　まとめ……45

第3章　企業エンジニアの「成長実感」と就業前経験の関係
- 第1節　はじめに……48
- 第2節　成長実感を持って働くエンジニアの学生生活
　　　　（アンケートデータの分析より）……49
- 第3節　困った理系学生、困った技術系社員ができるまで
　　　　（ヒアリング結果より）……64
- 第4節　まとめ……65

第4章　電機産業の魅力要因とその向上課題
- 第1節　電機産業の魅力と競争力の4つのタイプ……68
- 第2節　電機業界のみられ方／イメージと課題……69
- 第3節　保有能力と職場管理の実態……72
- 第4節　仕事意識・評価と職場の人間関係・コミュニケーション……74
- 第5節　満足度とキャリア志向……77
- 第6節　就職活動と学校生活　～採用に関連して～……81
- 第7節　まとめ：電機産業の魅力・競争力の向上に向けて……86

第5章　若手理系人材の「成長の危機」
〜 事業創造人材の輩出に向けて、組織・仕事の再編を 〜
　第1節　問題意識………………………………………………………90
　第2節　現状の俯瞰・論点の抽出………………………………………91
　第3節　フリーコメント分析……………………………………………98
　第4節　考　察…………………………………………………………109

第6章　採用とグローバル人材の日韓比較
　第1節　日韓比較をする理由……………………………………………118
　第2節　日本の電機産業…………………………………………………118
　第3節　韓国の電機産業…………………………………………………124
　第4節　日韓比較…………………………………………………………132
　第5節　まとめ……………………………………………………………137

第7章　電機産業で働く"リケジョ"
　第1節　はじめに…………………………………………………………140
　第2節　電機産業で働く院卒理工系女性………………………………141
　第3節　子どもの頃の関心………………………………………………141
　第4節　学校生活…………………………………………………………142
　第5節　就職活動…………………………………………………………145
　第6節　仕事と働き方……………………………………………………147
　第7節　まとめ……………………………………………………………156

第8章　若年層からみた電機産業の魅力
〜調査結果からみえてきたこと〜
　第1節　はじめに…………………………………………………………156
　第2節　電機業界に対するイメージ、仕事に対する意識・満足度……157
　第3節　電機産業の魅力と若年層の意識・満足度との関係……………161
　第4節　卒業後の進路、就職活動………………………………………163
　第5節　採用活動…………………………………………………………166
　第6節　おわりに…………………………………………………………170

おわりに

第1章　高校生の理工系離れは本当か

河合塾　教育研究部　部長　谷口哲也

第1節　教育の課題はどこにあるのか

1．ものづくりに興味をもつ「工学系」は戻ったか

図1-1　国公立・私立大学工学系　系統別志願者指数の推移

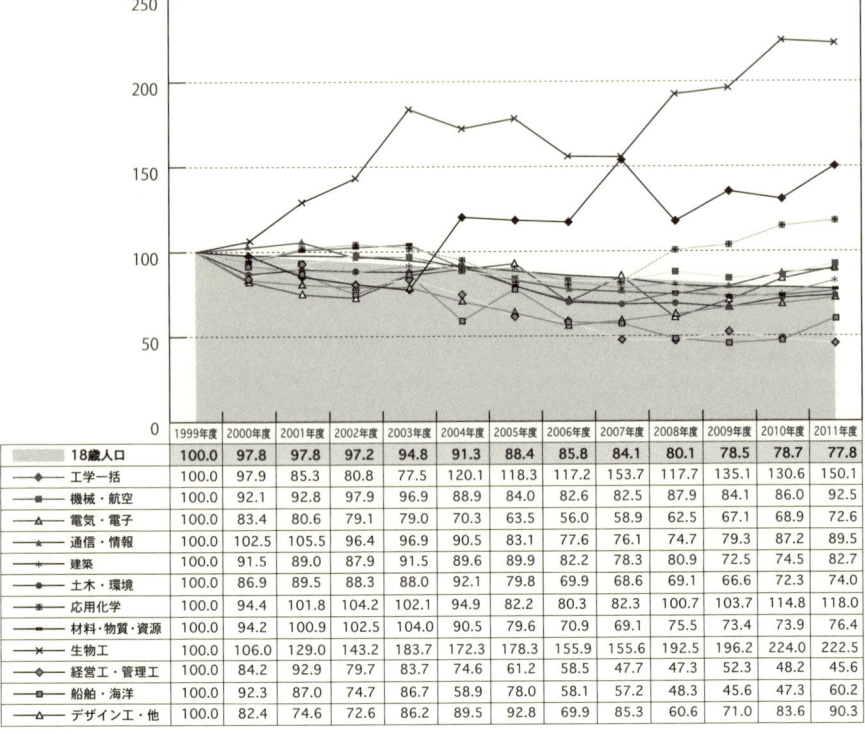

	1999年度	2000年度	2001年度	2002年度	2003年度	2004年度	2005年度	2006年度	2007年度	2008年度	2009年度	2010年度	2011年度
18歳人口	100.0	97.8	97.8	97.2	94.8	91.3	88.4	85.8	84.1	80.1	78.5	78.7	77.8
工学一括	100.0	97.9	85.3	80.8	77.5	120.1	118.3	117.2	153.7	117.7	135.1	130.6	150.1
機械・航空	100.0	92.1	92.8	97.9	96.9	88.9	84.0	82.6	82.5	87.9	84.1	86.0	92.5
電気・電子	100.0	83.4	80.6	79.1	79.0	70.3	63.5	56.0	58.9	62.5	67.1	68.9	72.6
通信・情報	100.0	102.5	105.5	96.4	96.9	90.5	83.1	77.6	76.1	74.7	79.3	87.2	89.5
建築	100.0	91.5	89.0	87.9	91.5	89.6	89.9	82.2	78.3	80.9	72.5	74.5	82.7
土木・環境	100.0	86.9	89.5	88.3	88.0	92.1	79.8	69.9	68.6	69.1	66.6	72.3	74.0
応用化学	100.0	94.4	101.8	104.2	102.1	94.9	82.2	80.3	82.3	100.7	103.7	114.8	118.0
材料・物質・資源	100.0	94.2	100.9	102.5	104.0	90.5	79.6	70.9	69.1	75.5	73.4	73.9	76.4
生物工	100.0	106.0	129.0	143.2	183.7	172.3	178.3	155.9	155.6	192.5	196.2	224.0	222.5
経営工・管理工	100.0	84.2	92.9	79.7	83.7	74.6	61.2	58.5	47.7	47.3	52.3	48.2	45.6
船舶・海洋	100.0	92.3	87.0	74.7	86.7	58.9	78.0	58.1	57.2	48.3	45.6	47.3	60.2
デザイン工・他	100.0	82.4	74.6	72.6	86.2	89.5	92.8	69.9	85.3	60.6	71.0	83.6	90.3

※18歳人口の出所は、文部科学省「学校基本調査」。系統別志願者数は河合塾調べ。

高校生の理工系離れの現状をみる指標として、本章ではとくに大学で専門的に「ものづくり」にかかわる技術者、研究者に興味がある受験生の志願者動向を押さえておきたい。

　図1－1は国公立・私立大学工学系分野の志願者数を12の分野ごとに1999年度を指数100として、その志願者指数推移を示したものである。電気・電子分野の志願者数をみると2006年度入試では、1999年度入試から56％まで減少し続けている。この傾向は電気・電子分野に限ったことではない。通信・情報分野も2008年度入試まで続けて減少しており、1999年度入試の74.7％となっている。機械・航空分野も2006年度、2007年度入試まで減少し、1999年度入試のそれぞれ82.6％、82.5％となっている。しかも、18歳人口の減少幅（図1－1の網掛け部分）以上に減少している。しかし、電気・電子分野では2007年度入試からわずかにではあるが志願者が回復し、2011年度入試では1999年度比72.6％となった。2011年度の指数が1999年度と比べて8割以下の分野は、電気・電子以外に土木・環境、材料・物質・資源、経営工・管理工、船舶・海洋の4分野である。逆に、1999年度と比べて2011年度の指数が100％以上に増加している分野は、工学一括、応用化学、生物工である。化学、生物系はとくに女子の比率が高い。

　このように分野によって違いがあることを認識しながら、本章では電気・電子分野や通信・情報分野、および機械系分野の動向を工学系の動向と定義する。その定義によると、受験生の工学系離れには2007年度入試から歯止めがかかったと見てよさそうだ。18歳人口そのものは1993年度入試から現在に至るまで減少し続けているが、1999年度入試の受験人口からみると約2割減である。そのことを考えれば、2007年度入試から「歯止めがかかった」というより、妥当な志願者数に「戻った」という表現が適切かもしれない。

　2007年度入試から志願者が「戻った」原因としては、産業界では2006年度から景気が回復し、メーカーが正社員の採用増に踏み切るなど工学系の学部・大学院の就職が好転した影響が大きいだろう。ところが、リーマンショック翌年の2009年度以降は、景気が悪化。それでも工学系志願者は減っておらず、むしろ増加している。これは経済系の不人気で、逆に工学系に追い風が吹いたことが原因だろう。

　裏を返せば、電機業界が不振になり、国内学生の採用が減ると電気・電子分野

や通信・情報分野の志願者は再び下がりうる。工学系離れには、本質的な実態把握と対策が必要である。

2. 理工系離れの要因として考えられること

　高校教育までにおける理工系離れの現状には、子どもの質的な二極化が言われている。育む環境が整った子どもはほうっておいても理科に興味をもち、難しい物理にも積極的に取り組む。その一方で、理科や科学への興味や意欲が低下している子どもたちが増大していると言われている。

　もし、そうだとすればその低下している層の背景として、まず小学校・中学校の家庭教育、学校教育の問題が考えられる。家庭教育では、自然観察やものづくり経験などの不足による理科や科学への興味・関心の低下があげられる。学校教育では、「ゆとり教育」では本来の趣旨からはずれ、授業時間数が削られ、実体験を通した思考力、発見力、創造力などを育てる機会が減少した。その結果、それまで中学校で教えていた内容が高校に先送りになっている。このような学習指導要領の変更による授業の量的・質的低下が背景にあるのではないか。

　高校にも原因があろう。高校の文理分けの時期だ。多くの高校では、受験対策のために1年生の3学期までに文理分けをし、高校2年から受験科目に絞ったカリキュラムとなる。理系に進学するかどうかを早期に選択させると、「数学」の好き嫌いだけで決めたり、周りの人の意見で何となく決めたりする。その結果、文系を選んだ者が高校2年でロボット工学や宇宙工学に興味を持っても、もう遅い。理工学部への進学を断念する。また、何となく理系を選択した私大志望者は、受験にあまり必要ない「国語」や「地歴」を深く学ばない。理学や工学の面白さや社会的意義を知らないまま、受験科目の成績アップだけが課題となる。実は理学、工学の学問や技術も社会的、歴史的見取り図のなかに位置づけられるということが理解できない。その結果、就職後もグローバル人材として通用しない。

　図1－2は河合塾で調べた公立、私立のサンプル166高校（中高一貫を除く）のうち、文理分けを実施している153高校（92.2％）の文理分けの実施時期をみたものである。文理分けの実施時期が高1の9月～12月に集中しているのがわかる。夏休み前に選択させている高校も少なくない。

図１−２　文理分けの選択の時期

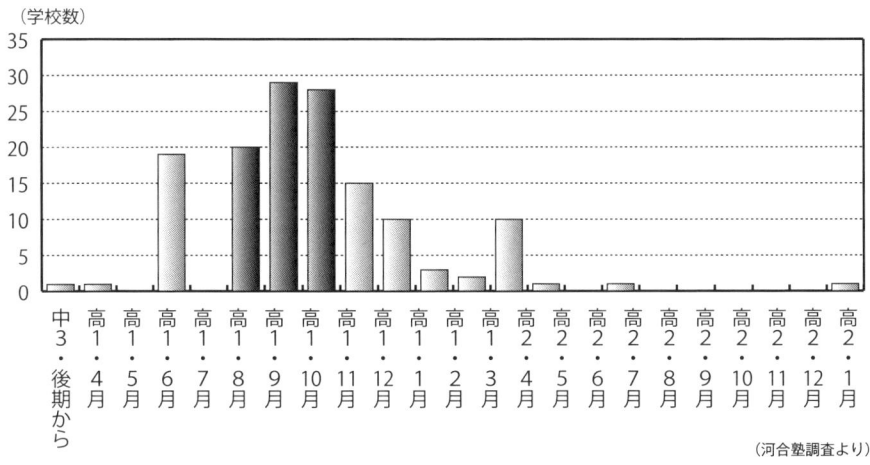

（河合塾調査より）

　また、文科省が実施した「平成22年度公立高等学校における教育課程の編成・実施状況調査」によれば、普通科全日制の類型開始年次（「類型」とは文系、理系などのコース分けをさす）は、類型なし21.0％、1年次開始13.5％、2年次開始56.0％、3年次開始9.5％となっており、2年次開始までに約7割の高校が文理分けを行っている。
　第3に、子ども自身の将来の職業（キャリア）がイメージしにくくなっていることも考えられる。進路や大学選びのためにも将来像を描くことは重要であるが、会社や官庁での技術開発の仕事にリアリティや展望がもてなくなってきている背景がありそうだ。昔に比べると、仕事の種類が増え複雑化しているため、情報獲得はできてもその整理ができない。それは教師や親も同じなので、子どものキャリアについて指南できない。その結果、子どもは将来を描く判断の先送りもしくは、思考停止に陥っているのではないか。
　以上の３点を、指導現場の高校教員の感じる現状と課題、「若年層組合員に関するアンケート調査」から浮き彫りにしたい。そして、グローバル社会を生きていかねばならない子どもたちへの教育の課題を提示したい。

第2節　高校教員はどう指導しているのか

1．高校教員へのヒアリング項目

　まず、高校現場の進路指導の先生方は現状をどのようにとらえているのか。平成24年3月、普通科の中堅〜進学校のベテラン進路指導教員6名にヒアリングを試みた。
　ヒアリング対象者6名の①勤務校　②担当科目　③教員歴　④進路指導歴（当該高校）⑤進学（合格）状況は次の通り。

ア　①埼玉県公立高校　②理科（物理）　③24年（当該高校は5年）　④2年
　　⑤国公立大学10名、私立大学248名、大学81.1％、短大1.9％、専門・専修学校3.5％、予備校など11.6％

イ　①東京都公立高校　②英語　③30年（当該高校は2年）　④2年
　　⑤国公立大学109名、私立大学605名、大学進学99％

ウ　①千葉県公立高校　②英語　③27年（当該高校は10年）　④7年
　　⑤国公立大学87名、私立大学496名、大学70.0％、短大0.3％、専門・専修学校0.6％、予備校など28.1％

エ　①神奈川県私立高校　②地歴公民科（社会科）　③21年（うち5年間は同校中学校）
　　④16年目（進路指導部副主任）⑤国公立大学22名、難関私立大学12名

オ　①岐阜県公立高校、中学校　②理科（物理）　③29年　④9年
　　⑤国公立大学190名、私立大学728名、大学85％、短大1.5％、専門・専修学校1.5％、予備校など12％

カ　①大阪府私立高校　②物理　③18年　④6年
　　⑤国公立大学172名、難関私立大学57名

ヒアリング項目は下記の8点である。
　（1）量的な理工系離れはおこっているか
　（2）質的な進路ミスマッチはないか
　（3）文理分けの現状
　（4）理系志望者の大学院進学意識
　（5）進路に関してどのような指導をしているか

（6）生徒のヒューマンスキル（コミュニケーション力、協調性、積極性など）に関して育成しているか

> *電機関連企業の採用担当者が「理工系学生の採用にあたり重視している点」としては
> 1位：熱意・意欲、
> 2位：ヒューマンスキル（コミュニケーション力、協調性、積極性など）
> 3位：基礎学力・一般常識
> となっている。

（7）生徒の思考力、問題発見解決力に関する現状認識
（8）電機産業に望むこと

2．高校教員へのヒアリング結果

ヒアリングした6人の高校の進路指導教員の声をまとめると以下のような意見に集約される。

（1）量的な理工系離れは？

> ・理工系志望者の減少は3年ぐらい前まであったが、**最近は横ばいか、増加している**。レベルは上だけということではなく、中位、下位も含めて増加。ただし、医療系、バイオ系も含む。増えた理由は、必ずしも生徒が自主的に勉強したいということではなく、世の中が**理系に就職したほうが給料がよい**、親が文系の特に私立大学に進んでも仕事がないと声高に言っているからである。

図1-1のデータ通り、量的な理工系離れは起こっていないようだ。

（2）質的な進路ミスマッチは？

> ・理工系志望者が増えているが、数学、物理、化学が苦手な子が理系に来ている。「古典が嫌いだから」という、**文系消去法的**な選択をしている生徒もいる。
> ・現行のカリキュラム、いわゆる**ゆとりカリキュラム**の影響はあると思う。生徒たちを見ていると計算力や語彙力といったところで耐性がなくなってきていると感じる。

- 理系、文系にかかわらず学力の高い生徒に共通しているのは、**まず日本語をきちんと理解でき、文章が読めていること**。そういうところがコミュニケーションやヒューマンスキルの基礎になってくる。
- 理系志望者を分析したら「ものづくり」「計算が好き」の因子が低い子が理系から文系コースに変更していたことがわかった。

量的には低下していないが、質的には低下し、進路ミスマッチに影響している可能性がある。

3．高校の文理分けの現状

「若年層組合員に関するアンケート調査」によると「中学卒業後のコース選択の時期」では、技術系職種の76％が高校2年生以前に「理数系」を選択していることがわかる。これを年齢別にみると、年齢が上がるにつれて「高校2年生」が減少し、「高校3年生」が増加する傾向が見られる。つまり、高校の文理分けは低学年化（早期化）していることが予想されるかどうか？

- 文理分けは高校3年生から行っている高校もある。
- 高校2年生から文理に分かれるが、2年生までは文系理系とも5教科全てやらせている。以前は3教科で完全に文理を分けていたが、それでは偏った子になってしまう。例えば理系なら数学を当然使うが、文系でも経済なら数学を使うのだから、生徒たちには全てさせるようにした。
- 2年次から文理分けをする。理系の数学Ⅲ、物理Ⅱ、化学Ⅱをきちんとやるには2年間なければ間に合わない。
- 高校2年生から文理分けをしている学校がほとんど。かつて2年次までは文理分けをせずに3年次に分けていた。**前の前の教育課程、今の32歳の子たち（1979年生まれ）が受けた教育課程から時間数が減らされて、ゆとりがなくなり、どの学校も文理分けを2年次にせざるを得なくなったという経緯がある。**

「文理分け」は教育課程の変化によって昔より早期化している現状はあるが、理系を志望する生徒にとってそのことが問題になっているわけではない。

（1）理系選択者の大学院（修士）志向

　生徒は文理選択の時に理系に進んだら修士まで行くということを見込んで選んでいるのか、教育費がかさむことから文理選択に家庭の経済問題が浮上してくることがあるのだろうか？

> ・**理系の子は大学院まで行く覚悟をしている**ので、基本的に理系の子は**国公立大学**をまず受ける。
> ・**理系の子は基本的に国立**を念頭に置くし、国立も明確に難関国公立大学、旧帝国大学系を念頭に置かせている。就職採用も、会社全体で採用するより、今後は部署ごとに採りたいというリクエストが上がってくるのではないかと思っており、だとしたら、大学院の専門性ももう少し重視されるのではないかと思っている。

　理系選択者は「国立大→大学院」という進学を見通しているようだ。

（2）進路指導の実態

> ・「専攻したい学問がある」というようなファクターがはっきりとなく「大学に行く」ことだけは決めている子たちが増えている。行きたいところが見つかったなら、それに対して**相応の学力をつける指導**をしている。
> ・高校は合格大学実績を問われる。オープンキャンパスなどを利用して、高校1年生には大学研究、学問研究をしている。それでもやはり、最後に大学を決めるのはやはり**大学入試センター試験の結果。**
> ・大学選びをする際にも、例えばA大学とB大学で同じ工学部電気工学科であっても、その大学でやる内容は違うということをわかってもらい、どこに違いがあるのかわかった上で志望させている。ただし、「きちんと中身を見て選びなさい」と進路指導をするには**大学情報の収集に手間がかかりすぎ、なかなか全員できていないのが現状。**
> ・まず「好き」か「得意」か。「好き」を優先するように生徒に言っている。その理由は、今できなくても、方法によっては不得意なものを得意にすることができるが、嫌いなものを好きにするのは非常に難しいこと。また、大学は4年間で終わるが、就職を考えるとその後がずっと長くなる。そのため「好き」と「得意」で悩んでいるのであれば、ま

ず「好き」を優先するよう言っている。
・理系でも全員に古典をやらせようと、3年でも古典を受講するカリキュラムとした。また、文理関係なく全員に物理・化学はやらせるカリキュラムとした。**文理関係なくある程度基礎的に必要な素養をつけさせていくことが、今世の中が求めている力**なのではないか。

　大学受験準備のための指導は否定できない。できるだけ幅広く、高い学力をつけさせ、好きな学問や分野をあきらめさせない指導をしているようだ。

（3） 生徒のヒューマンスキル（コミュニケーション力、協調性、積極性など）を育成しているか
　「採用に関するアンケート調査」の結果をみると、「採用にあたって理工系の学生に対し重視している点は何か」を聞いたとき、想定していたのは「学校の成績」や「技術」、「学校で何を学んできたか」を重視するのではないかと思っていたら、意外にも最も多かったのが「熱意・意欲」で、次に「ヒューマンスキル」であった。特にヒューマンスキルの中で「モチベーション」や「協調性」、「ストレス耐性」が重視されていた。なお、大学側は、ヒューマンスキルというのは、大学で身に付けるものではなくむしろ高校よりも前、小中学校で身に付けてくるものではないかという。高校でヒューマンスキルを育成指導できるのか。

・**大学に入ってからでも十分身に付くものではないかと思う。**たとえば、大学でサークル活動をやっている学生のヒューマンスキルは高いのではないか。サークル活動は大事だ。そうした経験によってしかヒューマンスキルは身に付かない。座学で教えてもダメ。
・中高一貫校では、宿泊や連帯する行事が意図的に組まれており、仲間意識が強い。高校3年生になって受験勉強でもそれが続く。そのような**クラス経営、学年の経営でヒューマンスキルは身に付きそうだ。**
・文理選択の時に、理系を選択した学生に対し、「理系に行くのはいいが、この時期のこの段階でこの課題をクリアできなければ行かせない」と課題を与え、毎週必ず小テストを実施する。できなかった生徒は土曜の放課後に補習をする。その補習から抜けたければ勉強しなければならない。それの繰り返しをずっとやっていく。教師もヘトヘトになるのだが、それだけ彼らに障害をつくってあげて、徐々に乗り越えさせていく。受験に関しても、社会人になっても同じだと思うが、そういうことを経験していないとどこかへ

> 逃げる。ヒューマンスキルが何なのかはわからないが、**少なくともストレス耐性だけはつけさせようと思っている。**

　高校生活、受験指導のさまざまな場面でヒューマンスキルは育成できる。指導の中でヒューマンスキルを意識できるかどうかが課題。

（4）生徒の思考力、問題発見解決力の現状

　大学では、最近、自分で考えられない学生が増えてきたといわれる。問題の解き方が決まっていて、答えがある場合は解くことはでき、過去問がある世界はスムーズに通ってくる。しかし、研究室に配属され、自分でテーマを決めるときにはお手上げになる。自分で課題を設定したり、解決する力がない子が増えているらしい。大学の教育自体はそれほど変化していないはずなので、大学に入るまでに原因があるのではないか？

> ・同じように、高校でも自分で問題を発見、解決できない生徒もでてきた。ひとつの要因としては、塾。中学の塾の形態は個別指導になっているという。チューターが横に付いて教えてくれるので、生徒は口を開けて待っていれば次々に懇切丁寧に教えてくれる。親も頼っている。塾に頼ることを**変えないと、受け身になってしまう。高校も授業そのものを探求型にしないと、本当に力をつける教育ができない**のではないか。
> ・小中学校の子どもたちの**知っている量そのものが全体的に減ってきている。**「考えなさい」と言っても、考える道具を持っていないのだ。だから術を知らない。ある程度考えさせるためには絶対的な知識が必要。
> ・**高校の目標が目先の勉強になっている**ところはある。特に私立などでは、結果を出さなければならない。その中で模試の結果にこだわる。パイが小さい中で生徒の奪い合いをしている状況がある。
> ・**教員も生徒も含めて皆、How to 主義になっている**。例えば、今年の新人教員が、最初から何もしないで「どうすればいいですか」と聞いてくる。教員も失敗したくないのだ。**社会や親が失敗を許さないオーラを出してしまっている**のかもしれない。

　教員や親も含めて、目先の勉強にとらわれすぎており、思考力、問題発見解決

力を育成する視点が弱いと自覚しているようだ。

(5) 電機産業に望むこと

> ・日本を牽引していく産業なので、若者ががっかりするイメージを出してほしくない。TVドラマで電機産業を舞台にしたヒーローを作ったらどうか。
> ・かつてのソニーのウォークマンのようなヒット商品を出してほしい。
> ・技術がブラックボックス化、情報化しすぎて、リアリティが感じにくい。業界の裏話(リアルな面白さ、やりがい)を高校生に発信してほしい。

　以上のヒアリング結果から、理工系離れは量的には歯止めがかかっている。しかし、質的には低下し、進路のミスマッチが増大していると認識している高校もある。この問題の原因は、高校教育現場はもとより、小中時代の学習経験や家庭環境も影響しているようだ。高校教育では「大学受験準備対策」に影響を受けやすく、思考力、問題発見解決力などを向上させるカリキュラムには限界があるからだ。

第3節　技術職で活躍している理系人材の特徴
～「若年層組合員に関するアンケート調査」を通して～

　電機産業の「若年層組合員に関するアンケート調査」分析により、技術系職で活躍している理系人材における小中校時代の特徴をみてみよう。振り返りアンケートなので彼らの記憶に頼るしかないが、興味・関心、大学選択の要因、不得意科目に特徴があった。

1．小中学生の興味と理系人材との関係
　「若年層組合員に関するアンケート調査」により、小中学生を振り返って、興味・関心があったものと、最終学歴および昇進・昇格(自己申告)との相関をみた。アンケートの分析対象は、最終学歴が大卒以上で「SE職(588人)」「研究職(427人)」「開発・設計職(1,965人)」の合計2,980人である。

表1－1　小中学生のころに興味・関心があったもの（複数選択）大卒以上・技術系職種

(差がある9項目を記載)

		工作やプラモデル作り	機械の分解や組立	科学雑誌や図鑑	理科の実験	数字の計算	図形やパズル	運動やスポーツ	自然観察	科学館や博物館に行くこと
大卒以上・技術系職種の合計		56.7	27.8	27.2	37.3	33.8	31.8	55.5	11.3	12.0
最終学歴別	①大学卒	56.0	25.4	21.8	34.0	31.0	29.1	56.5	9.4	10.6
	②大学院博士課程修了	65.5	43.1	55.2	58.6	46.6	43.1	36.2	19.0	22.4
	②-①	9.5	17.7	33.4	24.6	15.6	14.0	-20.3	9.6	11.8
昇進・昇格の意識別	A　早いと思う	61.0	28.5	32.0	37.2	34.9	36.3	60.2	14.8	15.1
	B　遅いと思う	56.0	27.2	26.6	33.2	31.0	31.7	49.2	10.9	12.2
	A-B	5.0	1.3	5.4	4.0	3.9	4.6	11.0	3.9	2.9

　大卒以上の技術系職種（ＳＥ職、研究職、開発・設計職）についた組合員のうち「小中学生のころに興味・関心があったもの（複数選択）」は「工作やプラモデル作り（56.7％）」「運動やスポーツ（55.5％）」が半数以上で、「理科の実験（37.3％）」「数字の計算（33.8％）」「図形やパズル（31.8％）」「機械の分解や組立（27.8％）」「科学雑誌や図鑑（27.2％）」が3割前後であった。

　これを最終学歴別（「大学卒」と「大学院博士課程修了」）で比較してみると、「大学院博士課程終了」のほうに10％以上の優位差がある項目は「科学雑誌や図鑑（+33.4％）」「理科の実験（+24.6％）」「機械の分解や組立（+17.7％）」「数字の計算（+15.6％）」「図形やパズル（+14.0％）」「科学館や博物館に行く（+11.8％）」である。やはり、子どものころの興味・関心と学歴、研究歴は相関がありそうだ。

　さらに「昇進・昇格が早いと思う」と「昇進・昇格が遅いと思う」で比較してみると、「昇進・昇格が早いと思う」のほうに5％以上の優位差がある項目は「運動やスポーツ（+11.0％）」「科学雑誌や図鑑（+5.4％）」「工作やプラモデル作り（+5.0％）」であった。

　この結果から、大学院博士課程まで科学や技術の研究を続ける興味・関心は、おそらく小中学生の体験、遊びの影響は大きく、ものづくりや数学・科学、自然への興味がそのまま大学以降までの学習動機となっていると考えられる。しかもそこに「運動やスポーツ」というファクターが加わると「昇進・昇格」にも影響しそうだ。

つまり、小中学生のものづくりや数学・科学、自然への興味の程度と理系人材との相関が高い。その上で「運動やスポーツ」好きは企業で活躍できる可能性が高い。

2．理数系選択者の大学選択要因

高校での理数系選択者の大学選びの視点は文科系選択者と違うのだろうか。「若年層組合員に関するアンケート調査」により、高校時代を振り返って、大学を選択する際に重視した項目と高校の選択コースとの相関分析を行った。

表1－2 大学や短大、学部、学科を選択する際の重視項目（複数選択）

		将来つきたい職業にふさわしい内容	専攻したい学問分野がある	得意な科目を活かせる	授業料が安い	自分の学力にふさわしい	立地条件が良い	大学院が設置されている
総計(N=3709)		37.4	54.6	34.6	20.0	30.1	24.8	9.2
中学卒業後の進路別	① 文科系(N=678)	24.0	47.3	23.2	13.6	29.8	24.3	2.1
	② 理数系(N=2877)	41.4	56.4	37.8	22.0	30.7	24.5	11.2
	②-①	17.4	9.1	14.6	8.4	0.9	0.2	9.1

中学卒業後の進路が「理数系」を選んだ組合員（「大学・短大に進学した」もののうち中学卒業後のコース選択が「理数系」の2,877人を対象）の「大学や短大、学部、学科を選択する際の重視事項（複数選択）」は「専攻したい学問分野がある（56.4％）」が半数以上で、次いで「将来つきたい職業にふさわしい内容（41.4％）」「得意な科目を活かせる（37.8％）」「自分の学力にふさわしい（30.7％）」が3割以上である。これを「文科系」と比較してみると、「理数系」のほうに圧倒的に優位差がある項目は「将来つきたい職業にふさわしい内容（+17.4％）」「得意な科目を活かせる（+14.6％）」「専攻したい学問分野がある（+9.1％）」「大学院が設置されている」（+9.1％）「授業料が安い」（+8.4％）である。

この結果から、理数系の大学選択志向要因の特徴は、「職業」「得意科目」「学問」「学費」に集約される。高校生の理工系志願者を獲得するためには、大学と企業が連携して戦略をたてる必要がある。

3. 理数系の不得意科目

表1-3　高校生のころに不得意だった教科、科目（3つ以内選択）

（総計上位8項目を記載）

		現代文	古典	数学	英語	日本史	世界史	物理	化学
総計（N=5460）		27.9	39.9	19.5	40.1	16.8	24.0	20.7	20.0
中学卒業後の進路別	① 文科系（N=808）	9.8	16.6	50.9	23.3	9.3	14.4	47.4	45.0
	② 理数系（N=3057）	36.9	52.7	9.6	39.7	19.3	27.6	13.9	14.4
	②-①	27.1	36.1	-41.3	16.4	10.0	13.2	-33.5	-30.6

「若年層組合員に関するアンケート調査」により、高校時代を振り返って、高校生のとき不得意だった科目と高校の選択コースとの相関分析を行った。「理数系」を選んだ人の「高校生、高専生のころに不得意だった教科・科目（3つ以内選択）」をみると「古典（52.7％）」が半数以上で、「英語（39.7％）」「現代文（36.9％）」が3分の1であった。

これを「文科系」と比較してみると、「理数系」に圧倒的に優位差がある科目は「古典（+36.1％）」「現代文（+27.1％）」であった。母国語の「言葉」「言語」に関する理解不足がある中で、グローバル人材になりうるのか。真のグローバル人材は、母国語の習熟は必須ではないのか。

グローバル人材の素養としても、「国語」は重要であり、教育の課題であろう。

第4節　これから学校は何をなすべきか

1．現状の考察

これまでの分析をふまえると、「高校生の理工系離れ」に関する教育の現状がみえてきた。

(1) 理工系離れの最近の傾向としては量的には歯止めがかかっているが、質的には低下し、進路ミスマッチに影響している可能性がある。質的な理系人材育成を取り巻く教育問題は、高校教育現場にとどまらない。小中学生のころの興味・関心に理系人材の第一歩がある。しかし、高校教育としても「大学受験準備対策」に影響を受けやすく、思考力、問題発見解決力を育成する視点が弱いと自覚している。

（2）高校までの理数系選択者の志向性から推察すると、大学選択志向要因の特徴は、「職業」「得意科目」「学問」「学費」に集約される。とくに「職業」イメージの創出と「学問」情報のリアリティ不足は、産業界と大学の課題である。教科では「国語」の苦手意識が強い。

2．今後の課題

　家庭教育の問題もあるが、学校や大学の側がこれからなすべき課題も多い。ここでは、初等教育制度と高校教育と大学・大学院教育を中心に3点を提言したい。

（1）初等教育制度改革

　1992年度、小学校1・2年生を対象として、身近な社会や自然とのかかわりあいから生活を考え生活に必要な習慣・技能を身につけさせるための「生活科」が新設されたが、その際、「理科」と「社会」が廃止された。本来は「生活科」の中に包含するはずだったが、それが十分になされず、現在に至っている。したがって、低学年から科学や生命、ものづくりに興味をもたせ、産業社会を擬似体験させる教育機会を確保するために、「理科」を復活させる。また、小学校の教員免許は、基本的に全教科を教えることになるので、教職課程のある学部（教育学部など）以外で取得は困難になっている。しかし、専門性が高まってきている理科教育に対応するのであれば、理系学部でも小学校の教員免許の取得を容易にし、理科専門教員を学校に配置することなどを検討してもよいのではないか。

（2）大学・大学院と企業の課題

　「職業」と「学問」情報の提供が理系人材の獲得に直結する。高校教員も電機産業に業界のリアリティを発信して欲しいと要望している。産業界と大学・大学院が連携した戦略をたてなければならない。現在でも産学連携は行われているが、協力企業の視点が強く、大学教育側の視点が弱い。大学・大学院も企業で必要なヒューマンスキル育成の視点が弱い。両者が協力するなかで、グローバル理系人材の要件と魅力をPRしていくことが必要だろう。その結果、高校までの教育にも一石を投じていくのではないか。

（3）高校におけるグローバル理系人材教育

　初等・中等教育を通してグローバル理系人材の教育を実現していくためには、まず大学入試選抜方法に依拠しない教育を高校が取り戻す必要があろう。そのためには、小・中学校教育は高校入試だけに依拠しないこと、高校教育は大学入試だけを目的としてはいないこと、を確認しながら、次の３つを意識したい。

① 知識基盤社会へ変化するなかで、新たな教育を切り開いていく教師の専門性、倫理性を高めていく。
② 教育方法も、明治以来の知識伝達型教育ではなく、思考・創造型学習にきりかえていく。ただし、知識は重要であり、知識を活用する「探究型」学習が目標である。・理数系の学生が得意な数学・理科だけでなく、現状では不得意とされる「国語」も習熟させる。
③ 専門科目が他科目とつながって社会や自然は作られていることを学習していく教養教育を復活させる。また、「英語」はコミュニケーション能力だけでなく、外国語圏の文化や価値観も学習させることが必要であろう。

第５節　まとめ ～グローバル社会を生きていく子どもたちのために～

　最近の高校生は、目先の勉強にとらわれているもの、思考力や問題発見解決力がないものばかりではない。多様な価値観や情報のなかで、熟考しながら自分なりの進路をイメージしながらいきいきと学習している高校生も昔より増えている。発言力、コミュニケーション力、創造力も昔より高い。ただ、今の社会が若者に求めている水準がもっと高いし、世界水準で勝負しなければならない。それは一部のエリートだけではない。すべての教育する側とされる側が、「現代のグローバル社会を生き抜く力とは何か」を共通テーマとして深く考え、熟議していけば、教育や社会は変わると思う。

【参考資料】
経済同友会『科学技術立国を担う人材育成の取り組みと施策』報告書（2011年6月2日）

第2章　電機業界で働く若年層技術系社員にとっての学びとキャリア

法政大学　キャリアデザイン学部 准教授　上西充子

第1節　問題意識と課題設定

　本章で明らかにしたいことは、電機業界で働く若年層技術系社員の学びとキャリアの接続である。具体的には以下の2点を本章の課題とする。

　第1に、若年層技術系社員にとっての学びとキャリアの接続のあり方を、【技術系／大学院卒】【技術系／大卒】【事務・営業系／大卒】の間の比較において明らかにすることである。理工系の学生は、文系の学生に比べて、大学・大学院で学んだ内容と志望就職先との関連が強く、企業側も大学・大学院の専攻や、そこで学んだ内容を採用選考において重視し、就職活動そのものも文系の学生に比べてスムーズであると一般的に考えられている。今回の調査で同様の傾向が見られるか、また大学院卒と大卒では違いがみられるか、検討したい。

　第2に、若年層技術系社員のうち、学卒就職者と大学院卒就職者の入社後のキャリアの違いを明らかにすることである。理工系の場合、修士課程を修了しないと技術者としてのキャリアは開けないのか、また、本人の成長実感や満足度はどうであるのかを検討したい。

　分析の対象となるデータは「若年層組合員に関するアンケート調査」のうち、最終学歴が大卒以上で39歳までの者に限定した。その上で技術系社員としては現在の仕事が「ＳＥ職」・「研究職」・「開発・設計職」の者を対象とし、事務・営業系社員としては現在の仕事が「企画職」「一般事務職」「営業職」の者を対象とした。

　上記の限定を行った上で技術系社員と事務・営業系社員の最終学歴を見ると表2−1の通りとなる。

第2章　電機業界で働く若年層技術系社員にとっての学びとキャリア　25

表2-1　現在の職種と最終学歴

		最終学歴		合計
		大卒	大学院卒	
現在の職種	技術系	1,152 39.3%	1,777 60.7%	2,929 100.0%
	事務・営業系	745 85.8%	123 14.2%	868 100.0%
合計		1,897 50.0%	1,900 50.0%	3,797 100.0%

　現在の仕事が事務・営業系であって最終学歴が大学院卒である者が123名いるが、これらの者の大学院進学時の研究室・専攻は人文・社会学系が15名、理学系が7名、工学系が83名、農学が1名、その他が6名、無回答が11名であり、ほとんどは理工系の大学院進学者である。そのため以下の分析では事務・営業系で大学院卒の者も除外し、【技術系／大学院卒】【技術系／大卒】【事務・営業系／大卒】の3類型にあてはまるものを対象とする。この3類型に当てはまる者の基本属性は表2-2の通りである。なお、無回答は除外して集計した。

表2-2　類型別の属性

		性		年齢			
		男性	女性	24歳以下	25～29歳以下	30～34歳以下	35～39歳以下
技術系／大学院卒	1,777	90.8%	9.2%	0.7%	44.5%	38.4%	16.4%
技術系／大卒	1,152	86.0%	14.0%	8.6%	39.9%	30.4%	21.1%
事務・営業系／大卒	745	76.0%	24.0%	9.9%	46.0%	24.4%	19.6%
合計	3,674	86.3%	13.7%	5.1%	43.4%	33.1%	18.5%

		現在の職種					
		企画職	一般事務職	営業職	ＳＥ職	研究職	開発・設計職
技術系／大学院卒	1,777	0.0%	0.0%	0.0%	12.6%	19.9%	67.5%
技術系／大卒	1,152	0.0%	0.0%	0.0%	30.8%	6.1%	63.1%
事務・営業系／大卒	745	37.9%	11.4%	50.7%	0.0%	0.0%	0.0%
合計	3,674	7.7%	2.3%	10.3%	15.8%	11.5%	52.4%

		最終学歴		
		大学卒	大学院修士課程修了	大学院博士課程修了
技術系／大学院卒	1,777	0.0%	96.8%	3.2%
技術系／大卒	1,152	100.0%	0.0%	0.0%
事務・営業系／大卒	745	100.0%	0.0%	0.0%
合計	3,674	51.6%	46.8%	1.5%

第2節　若年層技術系社員にとっての学びとキャリアの接続
～【技術系／大学院卒】【技術系／大卒】【事務・営業系／大卒】の比較から～

1．学びへの興味とキャリア展望に基づく大学・学部・学科選択

　大学・学部・学科を選択する際に、どのようなことを重視したか（複数回答）を見ると（図2－1）、いずれの類型においても最も高い割合で重視されているのは「専攻したい学問分野がある」となっている。ただし「専攻したい学問分野がある」を選択した者の割合は【技術系／大学院卒】64.4％、【技術系／大卒】48.6％、【事務・営業系／大卒】45.6％となっており、【技術系／大学院卒】で専攻重視の傾向が特に強い。

　技術系社員の場合は、「将来つきたい職業にふさわしい内容である」（【技術系／大学院卒】42.6％、【技術系／大卒】37.5％）、「得意な科目を活かせる」（【技術系／大学院卒】36.7％、【技術系／大卒】33.7％）がそれに続く。技術系社員の場合は得意な科目を活かしながら専攻したい学問分野を選び、それが将来の職業につながることがある程度展望されているようだ。他方で、【事務・営業系／大卒】の場合は「校風やキャンパスの雰囲気が良い」34.3％、「伝統や知名度がある」31.8％が続く。事務・営業系社員の場合はさしあたり興味のある学問分野を選ぶものの、それが得意科目とつながっていたり将来の職業とつながっていたりする意識は比較的希薄であり、雰囲気のよい大学、どのような進路に進む場合にも有利な伝統・知名度のある大学と、「学部・学科」よりは「大学」名で選ばれている側面が比較的強いように見受けられる。

　また、【技術系／大学院卒】の場合は19.7％の者が「大学院が設置されている」ことを重視していることも注目される。大学院進学を見通した上での大学進学であった、ということであろう。大学院進学までの費用を見越してか、「授業料が安い」ことを重視した者の割合も【技術系／大学院卒】では25.3％と比較的高い。

第2章　電機業界で働く若年層技術系社員にとっての学びとキャリア　27

図2-1　大学・学部・学科選択時の重視点（複数回答）

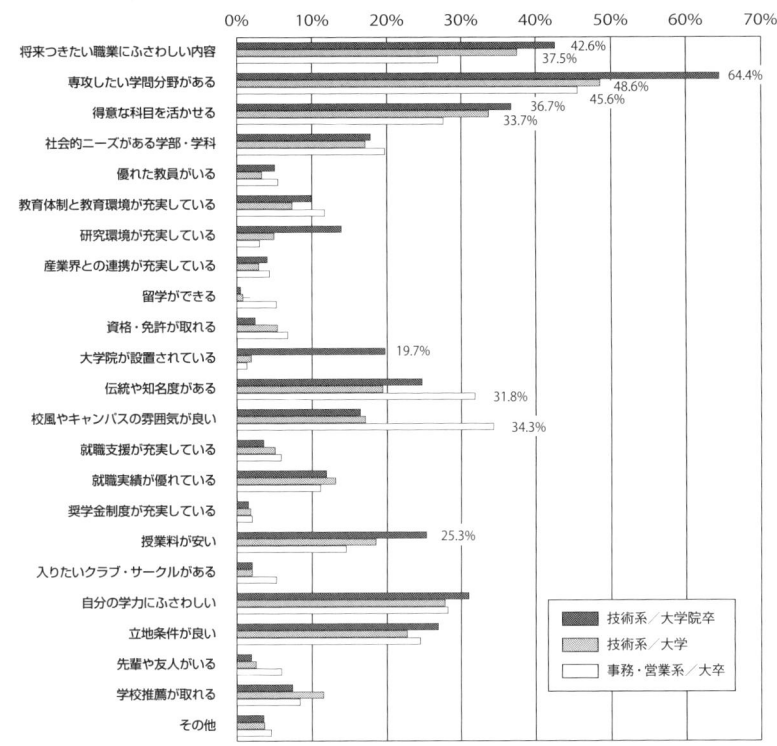

2．研究の場としての研究室への所属

　ゼミ・研究室には【技術系／大学院卒】の99.1％、【技術系／大卒】の95.4％、【事務・営業系／大卒】の88.1％が所属していたと回答している（途中でやめた者を若干名含む）。ゼミ・研究室に所属した理由（複数回答）は図2-2の通りであり、「研究内容に興味・関心があった」の割合がいずれの類型においても最も高いが、【技術系／大学院卒】が68.9％と特に高く、【技術系／大卒】（54.4％）と【事務・営業系／大卒】（54.7％）との間には差がみられない。【技術系／大学院卒】では「専門的な研究がしたかったから」も36.3％と高いが【技術系／大卒】【事務・営業系／大卒】ではそれほど高くなく（それぞれ17.9％と17.1％）、一方【技術系／大卒】では専門的な研究への興味で選んだというより「ゼミ所

属が卒業の必須要件だった」(50.7%)という傾向が強く、【事務・営業系／大卒】では研究内容に続いて「先生が魅力的だったから」(36.2%)という基準で選ばれている。【技術系／大学院卒】は専門的な研究目的での研究室所属である側面が強いのに対し、【技術系／大卒】【事務・営業系／大卒】ではその側面はやや曖昧である。

3. 専門的な研究と大学院卒就職に向けた進学

前掲表2-1に示す通り、(大卒以上で39歳以下の)技術系社員の60.7%は大学院を修了している。一方、事務・営業系社員で大学院を修了している者は14.2%にとどまり、かつ前述の通りその中には理工系の大学院進学者が多く含まれている。

【技術系／大学院卒】の大学院進学の理由（複

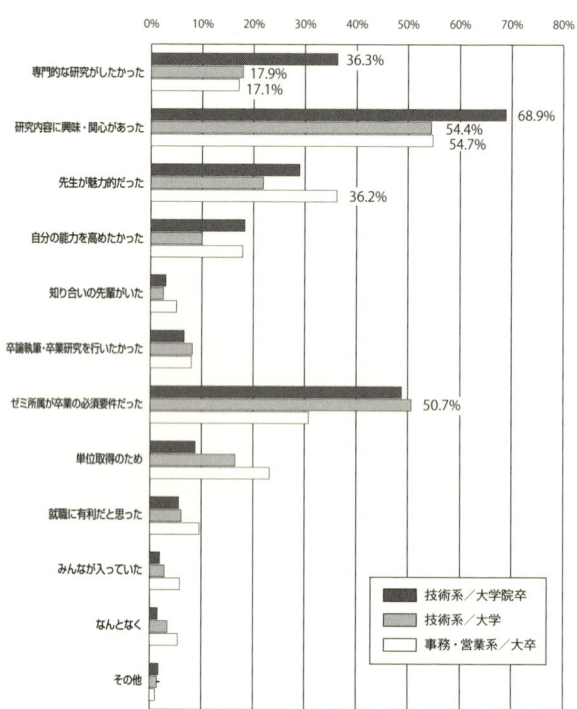

図2-2　ゼミ・研究室所属の理由（複数回答）

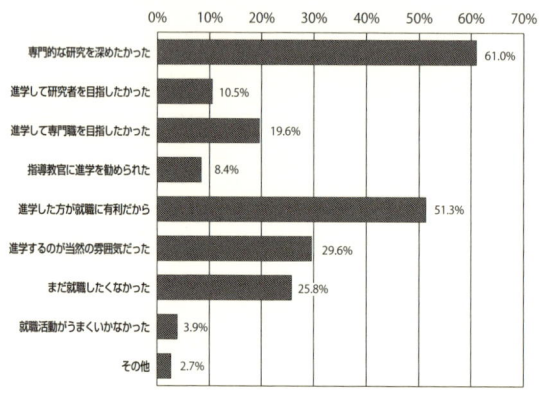

図2-3　大学院進学の理由（複数回答）

数回答）（図 2 － 3）は「専門的な研究を深めたかったから」61.0％、「進学した方が就職に有利だから」51.3％となっている。このうち進学した方が実際に有利であるのかは、本章第 3 節で検討したい。

4．「業種」「開発力・技術力」「学んだことが活かせる」「仕事を通じ専門的知識や技術が身につく」を重視した就職活動

就職活動の際の業界選択を見ると、「特定の業界を対象に検討・活動していた」者は【技術系／大学院卒】で 55.4％、【技術系／大卒】で 48.7％に対し、【事務・営業系／大卒】では 26.4％にとどまっている（図 2 － 4）。理工系は学科・専攻と業界の関連性が強いが、文系はそのような関連性が弱いことがこの結果になっているものとみられる。

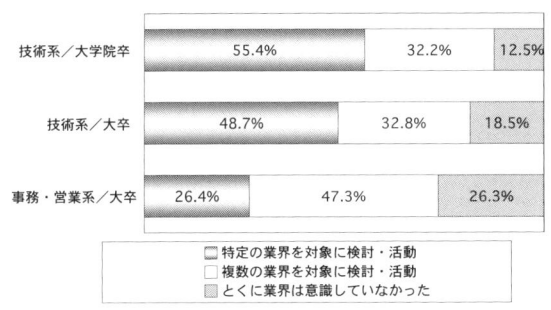

図 2 － 4　就職活動の際の業界選択

就職活動の中で会社を選ぶ際に重視した点（複数回答）を見ると（図 2 － 5）、「業種」「開発力・技術力」「学んだことが活かせる」「仕事を通じ専門的知識や技術が身につく」は【技術系／大学院卒】＞【技術系／大卒】＞【事務・営業系／大卒】の順で重視度合に違いが見られる。【技術系／大学院卒】では、「学んだことが活かせる」「業種」の中で「開発力・技術力」がある会社に入社し、「仕事を通じ専門的識や技術が身につく」というキャリアが展望されており、【技術系／大卒】にもやや弱いながらも同様の傾向がみられる。なお、技術系社員で「勤務地」が重視されているのは、地元か全国転勤か海外を含めてか、ということであるのか、それとも研究所か工場か、ということであるのかは区別しがたい。一方で【事務・

営業系／大卒】では「業種」「企業規模」「知名度・ブランド力」が同程度に重視されており、「開発力・技術力」はあまり重視されていない。「社会的意義のある仕事ができる」「仕事を通じて成長できる」という、やや漠然とした期待がみられるものの、「学んだことが活かせる」ことや「仕事を通じ専門的知識や技術が身につく」こともあまり重視されていない。大学進学時と同様に、【事務・営業系／大卒】では知名度重視の会社選びとなっている懸念がある。

5．学校推薦を利用した就職活動

大学・大学院の専攻と関連の深い特定の業界を対象に就職活動を行い、学んできた内容が活かせる開発力・技術力の高い会社に入社し、仕事を通じてさらに専門性を伸ばしていこうという志向と、学校推薦という制度との親和性は高いと

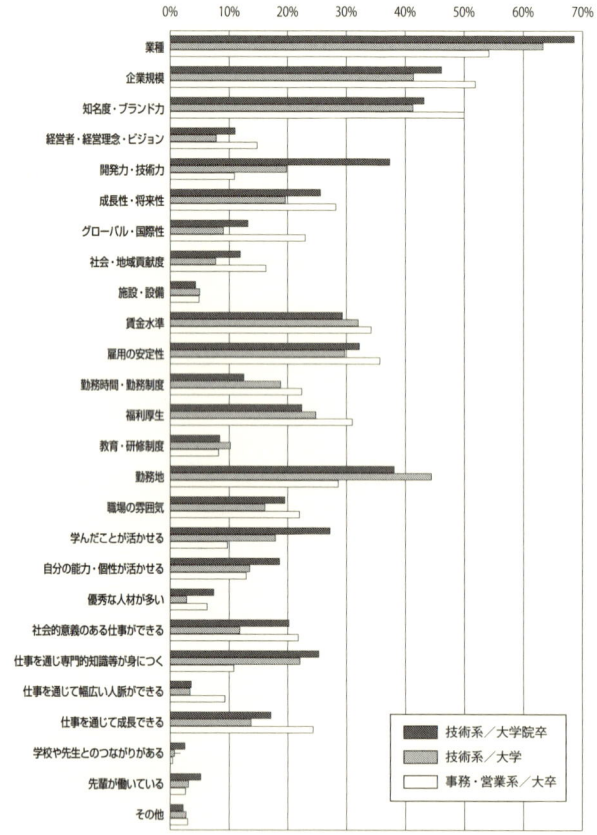

図2−5 会社を選ぶ際に重視した点（複数回答）

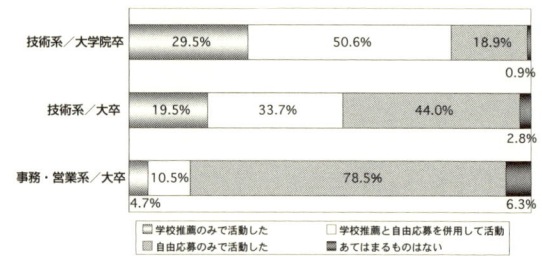

図2−6 就職活動の方法

考えられる。学校推薦を利用して就職活動を行った者(「学校推薦のみで活動した」＋「学校推薦と自由応募を併用して活動した」)は、【技術系／大学院卒】で80.1％、【技術系／大卒】で53.2％に上っている。一方で【事務・営業系／大卒】では「自由応募のみ」が78.5％に上っている（図２－６）。

ただし、大学関係者へのヒアリング結果にみられるように、近年は学校推薦にも選抜が伴うのが当たり前になってきているようだ。また、学校推薦を利用したと回答した者の中には、内々定後に企業側から推薦状の提出が求められるいわゆる「後付け推薦」を含んでいる可能性があることにも注意が必要である。

6．当初の志望通りの就職

上述の通り技術系社員は自分の専門性と関連した特定の業界に絞って就職活動を行ってきた傾向が強い。その結果として、【技術系／大学院卒】では就職を決めた会社の業界が「当初から第一志望だった」という者が51.3％、「職種が当初から第一志望だった」という者が46.4％に上っている。【技術系／大卒】では就職を決めた会社の業界や職種が当初の第一志望通りであった者の割合はやや低くなるが、【事務・営業系／大卒】に比べると高い（図２－７）。

図２－７－（１）　就職活動当時の志望度：業界として

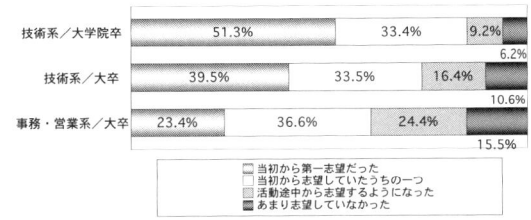

図２－７－（２）　就職活動当時の志望度：会社として

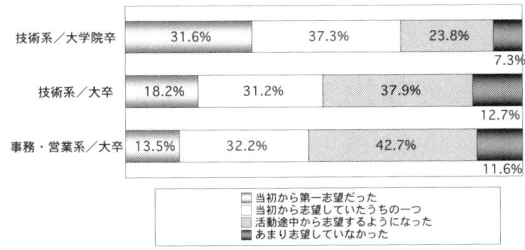

図２－７－（３）　就職活動当時の志望度：職種として

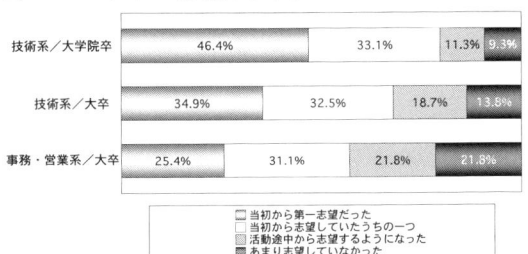

7．職場やOB・OGとの接点が多い就職活動

　ここでさらに注目しておきたいのは、単にできあがっている就職ルートに【技術系／大学院卒】が自動的に乗せられているだけで仕事の内容や働き方を知らずに就職している、というわけではないことである。

　就職した会社・業界・職種に関して具体的に行った就職活動（複数選択）を尋ねた結果（図2-8）によると、【技術系／大学院卒】では他の類型と比べて「学内で開かれた就職関連イベント（学内企業説明会、OB懇談会など）に参加した」（63.1％）、「企業訪問、職場見学をした」（47.7％）、「企業で働いている学校のOB・OGの話を聞いた」（53.9％）の割合が高い。彼らが参加した「学内で開かれた就職関連イベント」とは、単なる一般学生向けの企業説明会ではなく、同じ専攻や研究室出身でその企業に働いているOB・OGが大学に来訪して懇談会で語るといった場を含んでいる可能性が高い。企業訪問・職場見学によって会社・職場の様子を知り、OB・OGから実際の働き方を知る、そういう具体的で多面的な情報収集が【技術系／大学院卒】では他の類型に比べて可能になっていることがうかがわれる。一方で【技術系／大卒】では、「企業訪問・職場見学」

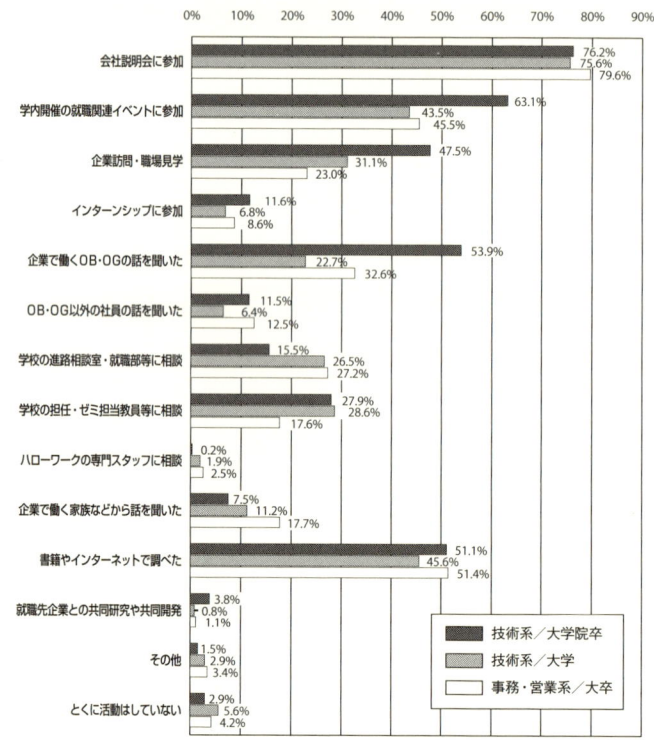

図2-8　就職した会社・業界・職種に関して具体的に行った活動（複数回答）

(31.1%)、「ゼミ担当教員等に相談」(28.6%)、「企業で働いている学校のOB・OGの話を聞いた」(22.7%) などとなっており、【事務・営業系／大卒】と比べても特徴的な活動が見えにくい結果となっている。

さらに就職先を選ぶ際に影響を与えた人についてみると(複数回答)(図2－9)、【技術系／大学院卒】では「ゼミや研究室の先輩、OB・OG」(33.2%)の割合が最も高く、彼らを送り出してきたであろう「学校の担任、ゼミ担当教員、指導教員、就職担当教員」(26.4%)がそれに続いている。【技術系／大卒】の場合は、OB・OGを挙げる者の割合が低く(「ゼミや研究室の先輩・OB・OG」11.5%、「企業で働いている学校のOB・OG」9.6%)、「とくに影響を与えた人はいない」(30.6%)の割合が最も高く、「ゼミ担当教員等」(22.4%)がそれに続いている。【技術系／大卒】の場合は、特定の研究室から特定の企業へ、先輩がたどった道を自分も続く、という安定したルートがない中で、もしくは安定したルートには敢えて乗らない形で、就職先を選んでいる傾向が【技術系／大学院卒】よりも強いことがうかがわれる。【事務・営業系大卒】の場合は、そもそもそのような安定した就職ルートがなく、「知人・友人」(33.2%)「父親」(32.8%)といった身近な人に

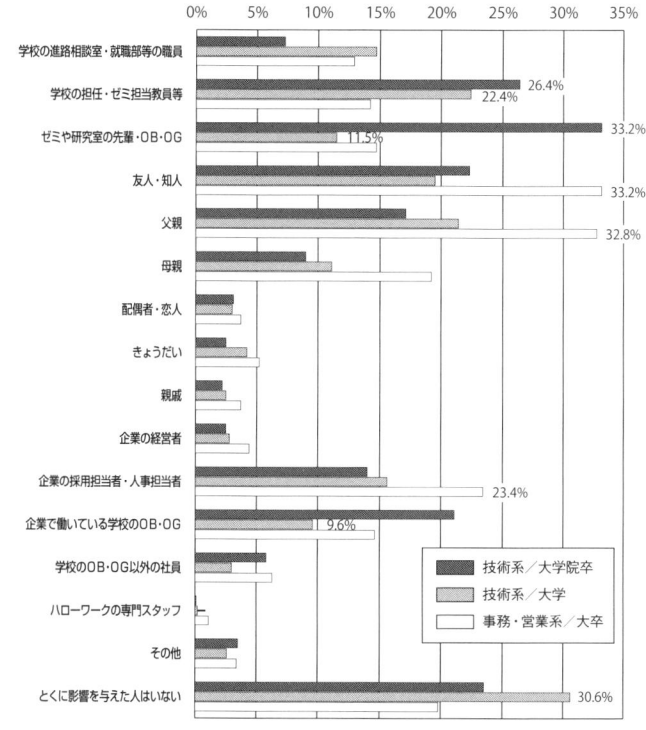

図2－9　就職先を選ぶ際に影響を与えた人(複数回答)

相談したり、説明会や面接時における「企業の採用担当者・人事担当者」(23.4%)の話や印象を手がかりにせざるを得ない様子がうかがわれ、職場や働き方を具体的に見通せない中でのイメージ先行型の就職先選びとなっていないか、懸念される。

8．学生時代に学んだことが現在の仕事に活かされていると思う者の割合が比較的高い

　これまで見てきたように、【技術系／大学院卒】では専攻や専門性と業種・職種との関係が深い形で就職活動が行われ、【事務・営業系大卒】ではほとんど関係がない中で就職活動が行われ、【技術系／大卒】はその中間の傾向を示している、というのが就職に至る経緯であった。では、現在の仕事と学生時代の学びの関連性はどうであろうか。

　現在の仕事について、「学生時代に学んだことが活かされている」と考えている者の割合は全般的にはそれほど高くはない（図2－10）。学びと仕事が直結するわけではないというのは、理工系の職種の場合もそうなのだろう。しかしそうではあっても、「学生時代に学んだことが活かされている」と考える者（「そう思う」＋「ある程度そう思う」）の割合は【技術系／大学院卒】で40.5％ともっとも高く、【技術系／大卒】28.5％がそれに続き、【事務・営業系大卒】は18.6％にすぎない。技術系社員の方が、学生時代に学んだことが現在の仕事に活かされていると考えていることがわかる。

図2－10　学生時代に学んだことが今の仕事に活かされているか

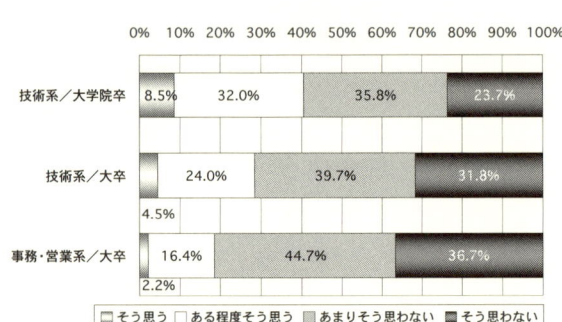

9．小　括

　以上、学びとキャリアの接続のあり方を、【技術系／大学院卒】【技術系／大卒】【事務・営業系／大卒】の違いに着目してみてきた。

　ここから見えてくるのは、【技術系／大学院卒】にとっての学びとキャリアの接続の良好さである。彼らは学びたい内容から、あるいは将来つきたい職業との関連から、大学の学科・専攻を選んでいる。学びたい内容はあっても将来つきたい職業が明確ではない者もいるだろうが、そのような者も含めて、専門的な研究を深めたいという志向から大学院に進学していく。大学院に進学すれば、専攻を重視した採用を企業側が行うため、特定の業界・職種との関連性はより強くなる。特定の業界・職種との関連性が強ければ、研究室のOB・OGもその業界・職種で活躍していることが多い。そこで自然と、特定の業界内で、開発力・技術力に優れた企業、そしてOB・OGが活躍している企業に目が向くこととなる。OB・OGとの具体的な接点があるため、働き方についての具体的な情報も得やすい。企業側も企業見学・職場見学の場を開いている場合が比較的多い。

　対照的に【事務・営業系／大卒】の場合には、大学・学部・学科選びの際に将来つきたい職業を見通すことは困難であり、就職先を選ぶ際にも専門性が重視されない採用選考であるため、特定の業種・職種に絞ることが困難である。そのため企業規模や知名度・ブランド力などを頼りに応募先を選びがちであり、そのことは一定数の人気企業・有名企業への過度の応募の集中を招きやすい。人気企業には万単位の応募が寄せられると聞くが、そのような就職活動の中では容易に内定は得られない。そのため、業種選び、職種選び、会社選びをやり直し、試行錯誤を繰り返しながら、どこかで内々定を得て就職活動を終了させることにならざるをえない。そのため、当初から第一志望だった業界・会社・職種に就職を決める者の割合は技術系社員に比べてかなり低くなっている（前掲図2－7）。

　このような【事務・営業系／大卒】の就職活動の傾向は、電機業界に就職した者に限られるわけではなく、文系大卒就職者に一般的にみられる傾向であろう。だからこそ、日本学術会議（2010）は三部構成の「回答『大学教育の分野別質保証の在り方について』」の第三部において、人文社会科学系の分野を念頭に置きながら「大学と職業との接続の在り方」が「機能不全」に陥っている問題と格闘しなければならなかったのであろうし、経済同友会（2012）は「新卒採用問題に

対する意見」において、一部の企業にエントリー・応募が集中する事態を改善し、学生と企業のスムーズなマッチングを実現するための提言を企業側みずから行わなければならなかったのであろう。

今回、別途行った「採用に関するアンケート調査」の結果によれば、理工系大学生・院生の採用にあたって重視している点では、専門性よりも「熱意・意欲」「ヒューマンスキル」「基礎学力・一般常識」が重視されているように見える（図2－11）。ただし、「専門分野の知識・スキルの習得度」「専攻・専門分野・所属研究室」「大学・大学院での成績」「専門分野の研究内容・研究実績」のいずれか1つ以上を「重視している」と回答した企業の割合を算出すると83.9％となり、「熱意・意欲」と並んで専門の内容・習得度が最も重視されていることがわかる。

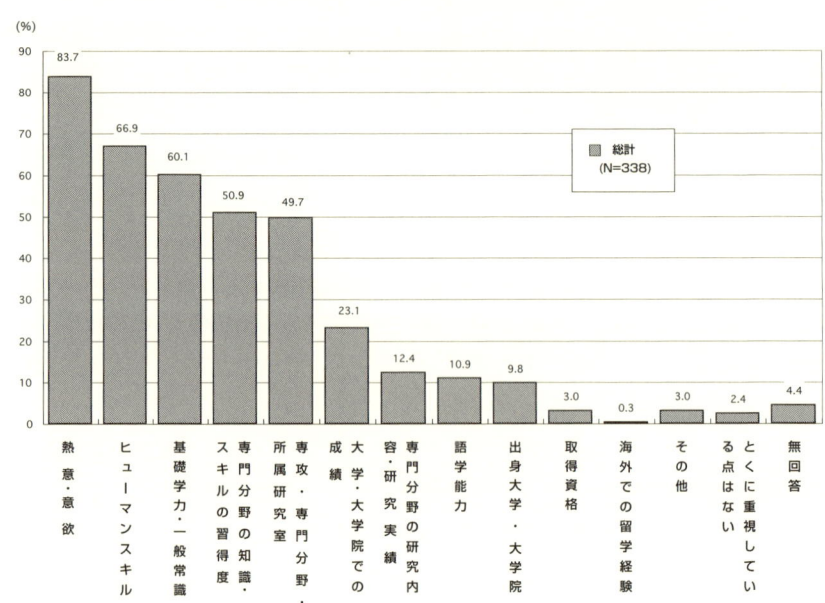

図2－11　理工系大学生・院生の採用にあたって重視している点（5つ以内選択）

項目	総計(N=338) (%)
熱意・意欲	83.7
ヒューマンスキル	66.9
基礎学力・一般常識	60.1
専門分野の知識・スキルの習得度	50.9
専攻・専門分野・所属研究室	49.7
大学・大学院での成績	23.1
専門分野の研究内容・研究実績	12.4
語学能力	10.9
出身大学・大学院	9.8
取得資格	3.0
海外での留学経験	0.3
その他	3.0
とくに重視している点はない	2.4
無回答	4.4

「採用に関するアンケート調査」や大学ヒアリングにもあらわれているように、現在は理工系人材の採用にあたっても協調性や業務的なコミュニケーション能力

などのヒューマンスキルが求められるようになってきているようだ。そのことも関係しているのか、学校推薦制度を利用した選考においても企業が面接を通じて人物を見極める傾向も強くなってきているようである。しかし、推薦制度が形骸化していけば、学生は内定の見込みが不確かな推薦制度を利用するよりも、それより時期の早い自由応募で内定を確保しようとするかもしれない。それは理工系の学生の安定した就職ルートを壊し、【事務・営業系／大卒】にみられるような混沌とした就職活動につながっていくかもしれない。そうなるならば、企業は一定程度のしっかりとした専門性と「論理構成力」、「状況を認識・分析する力」を身に付けた優秀な理工系人材を確保したいと願っているにもかかわらず、そのような知識・能力を培う時間が就職活動によって奪われることによって、企業が求める人材の質を企業がみずから押し下げていくことにもなりかねない。企業が優秀な理工系人材を確保し続けたいと望むのであれば、学びとキャリアの接続が良好な従来のあり方をできるだけ崩さずに、企業と研究室、ＯＢと学生の接点を活かしながら、求める人材像や仕事の具体的な内容・魅力を提示し、研究内容や研究に対する積極的な姿勢を適切に評価し続けることが必要であろう。

第３節　若年層技術系社員にとっての、学卒就職と大学院卒就職の入社後のキャリアの違い

　前節の分析結果では、【技術系／大学院卒】は学びとキャリアの接続が良好であるものの、【技術系／大卒】では学びとキャリアの接続が【技術系／大学院卒】ほどには明確ではないこともあわせて明らかとなった。そこで本節では、【技術系／大学院卒】と【技術系／大卒】の比較から、若年層技術系社員のうち、学卒就職者と大学院卒就職者のキャリアの違いについて、検討したい。

1．学びとキャリアの接続
　前節でみてきたように、【技術系／大卒】は【技術系／大学院卒】に比べると大学・学部・学科選択時に「専攻したい学問分野がある」ことを重視した度合がやや低く（前掲図２－１）、研究室所属の際にも研究内容への興味・関心や専門的な研究への志向がやや低い（前掲図２－２）。大学在学中の専攻・専門科目の学習活

動への積極的な取り組みについても、やや弱い（図2－12）。

図2－12　専攻・専門科目の学習活動

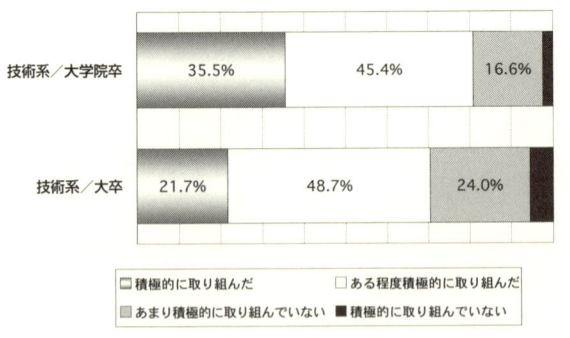

	積極的に取り組んだ	ある程度積極的に取り組んだ	あまり積極的に取り組んでいない	積極的に取り組んでいない
技術系／大学院卒	35.5%	45.4%	16.6%	
技術系／大卒	21.7%	48.7%	24.0%	

　学校推薦の道があまり開かれていないためか【技術系／大卒】の場合は自由応募のみで就職活動を行った者も44.0％に上っており（前掲図2－6）、当初からの第一志望通りの業種・会社・職種に就職した者の割合もやや低い（前掲図2－7）。また、学生時代に学んだことが現在の仕事に活かされていると考える者の割合もやや低い（前掲図2－10）。学びとキャリアとの接続は【技術系／大学院卒】に比べて確かに弱そうである。

２．勤務先・職種・労働条件の違い

　では実際の就職先の状況はどうであろうか。

　勤務先の企業規模が1000人以上である者の割合は【技術系／大学院卒】では91.5％であるが、【技術系／大卒】では73.2％となっている（表2－3）。

表2－3　現在の会社の従業員数

	合計	1～99人	100～299人	300～999人	1000人以上
技術系／大学院卒	1777	0.2%	1.4%	6.9%	91.5%
技術系／大卒	1152	0.8%	6.2%	19.9%	73.2%

第2章　電機業界で働く若年層技術系社員にとっての学びとキャリア　39

職種を見ると、前掲表2-2の通り、【技術系／大学院卒】では研究職が19.9%を占めるが【技術系／大卒】ではその割合は6.1%である。一方で【技術系／大卒】ではSE職が30.8%を占めている。

この2、3ヵ月の月平均所定外労働時間数を見ると、回答者数が少ない24歳以下を除き、25歳以上では【技術系／大学院卒】の方が所定外労働時間がやや長くなっている（図2-13）。

図2-13　この2・3ヵ月の月平均所定外労働時間

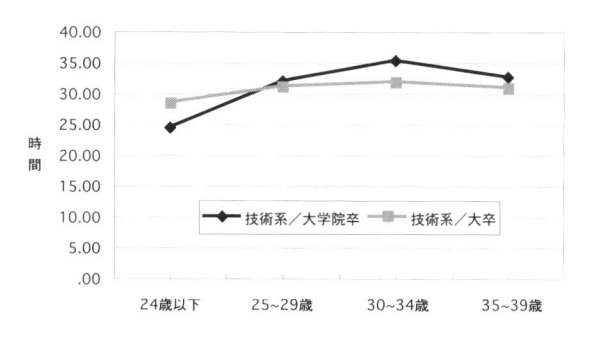

3．現在の仕事への手応えや仕事・キャリアへの満足度

現在の仕事への認識を「そう思う」と「ある程度そう思う」の合計の割合で見ると（図2-14）、「多様な知識・技術が必要な仕事である」「一連の仕事を最初から最後まですべて任されている」「意義や価値の高い仕事である」「自分のやり方で仕事を進めることができる」「結果・成果に対する反響や手応えが明確にある」の5項目については【技術系／大学院卒】と【技術系／大卒】の間で大きな違いは見られず、差がみられるのは「学生時代に学んだことが活かされている」のみである。【技術系／大卒】の場合、学生時代

図2-14　現在の仕事に対する認識
（「そう思う」＋「ある程度そう思う」の割合）

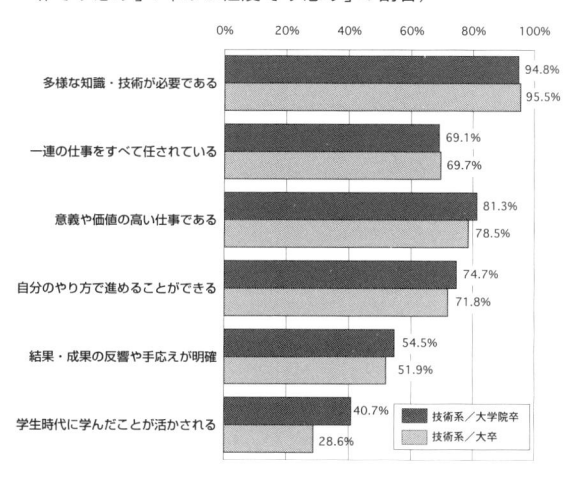

項目	技術系／大学院卒	技術系／大卒
多様な知識・技術が必要である	94.8%	95.5%
一連の仕事をすべて任されている	69.1%	69.7%
意義や価値の高い仕事である	81.3%	78.5%
自分のやり方で進めることができる	74.7%	71.8%
結果・成果の反響や手応えが明確	54.5%	51.9%
学生時代に学んだことが活かされる	40.7%	28.6%

に学んだことが活かされているとあまり感じる仕事ではないものの、仕事には大学院卒の者と同様の手応えをもって臨んでいることがうかがわれる。

　また、仕事を通じて成長しているという実感についても、図2－15の通り、【技術系／大学院卒】と【技術系／大卒】の間で違いはほとんど見られない。

　さらに、現在の会社・仕事に関連した8項目の満足度を「満足している」と「まあ満足している」の合計の比率で見ると（図2－16）、「賃金水準」については【技術系／大学院卒】では68.7％であるのに対し【技術系／大卒】では56.5％であり、満足度が低い。しかしそれ以外の7項目では大きな差は見られない結果となっている。「これまでのキャリア」について、詳しく満足度を見ても、差はほとんど見られない（図2－17）。

図2－15　仕事を通じて成長しているという実感

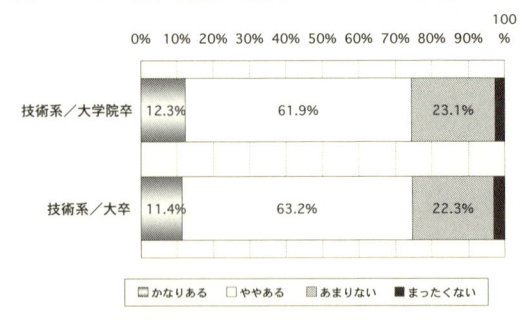

	かなりある	ややある	あまりない	まったくない
技術系／大学院卒	12.3%	61.9%	23.1%	
技術系／大卒	11.4%	63.2%	22.3%	

図2－16　現在の会社・仕事の満足度
（「満足している」＋「まあ満足している」の比率）

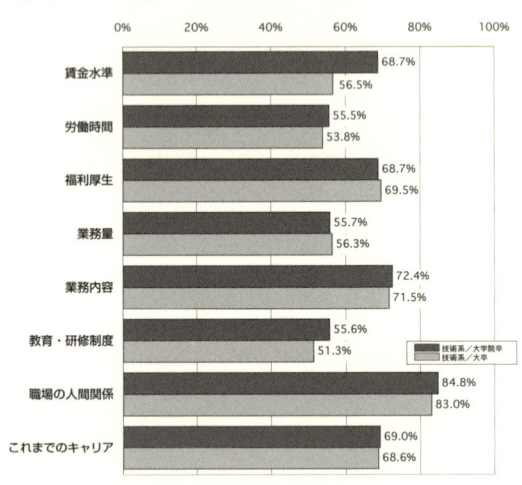

項目	技術系／大学院卒	技術系／大卒
賃金水準	68.7%	56.5%
労働時間	55.5%	53.8%
福利厚生	68.7%	69.5%
業務量	55.7%	56.3%
業務内容	72.4%	71.5%
教育・研修制度	55.6%	51.3%
職場の人間関係	84.8%	83.0%
これまでのキャリア	69.0%	68.6%

図2－17　これまでのキャリアに対する満足度

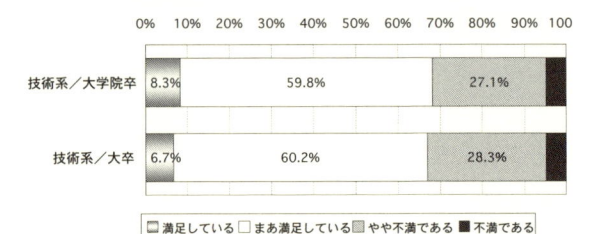

	満足している	まあ満足している	やや不満である	不満である
技術系／大学院卒	8.3%	59.8%	27.1%	
技術系／大卒	6.7%	60.2%	28.3%	

4．小括

　これらの結果が示すのは、【技術系／大卒】は専門的な研究にそれほどのこだわりをもたずに大学院進学ではなく就職という道を選んだものの、その結果として仕事の内容やこれまでのキャリアに大きな不満を持っているわけではない、ということである。賃金水準については満足度に違いがみられるが、その他の項目では差は小さい。

　もちろん、本人が満足であっても企業側から見れば満足のいく人材ではない、という可能性もある。しかし今回行った「採用に関するアンケート調査」の結果によれば、理工系の学生で今後採用を増やしたいと考えている学生のトップは「理工系の大学生」である（図2－18）。「3000人以上」の規模の企業では「理工系の女子学生」（40.8％）、「海外から留学している理工系学生」（38.8％）を増やしたいとする割合が「理工系の大学生」を増やしたいとする割合（26.5％）よりも高くなっているが、「300人未満」「300～1000人未満」「1000～3000人未満」の規模の企業では「理工系の大学生」の採用を今後増やしたいという回答がトップに挙げられている（図表省略）。

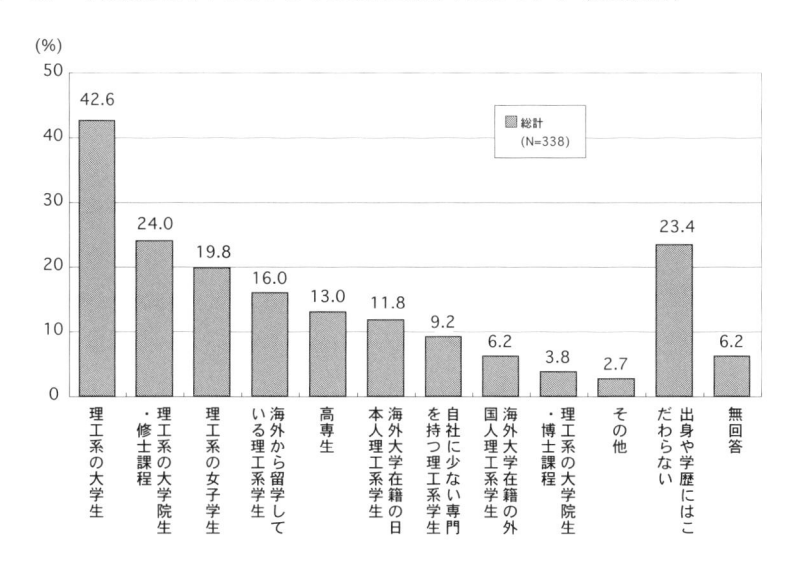

図2－18　今後採用を増やしたいと考える理工系の学生について（複数回答）

区分	(%)
理工系の大学生	42.6
理工系の大学院生・修士課程	24.0
理工系の女子学生	19.8
海外から留学している理工系学生	16.0
高専生	13.0
海外大学在籍の日本人理工系学生	11.8
自社に少ない専門を持つ理工系学生	9.2
海外大学在籍の外国人理工系学生	6.2
理工系の大学院生・博士課程	3.8
その他	2.7
出身や学歴にはこだわらない	23.4
無回答	6.2

総計（N=338）

この「採用に関するアンケート調査」では大卒採用と大学院卒採用の比率は尋ねておらず、大卒採用の人材と大学院卒採用の人材をどのように使い分けているかも尋ねていない。そのため、「大学院卒よりも大卒を採用したい」と解釈することは短絡的な解釈である。しかし大卒の理工系人材がもはや不要な人材なのではなく、むしろこれから今後採用を増やしたい対象であるという調査結果には注目すべきだろう。どの程度増やしていきたいのか、なぜ増やしていきたいのか、それらは今回の調査では明らかにすることはできないが、今後さらに注目して明らかにしていくべき論点であると考える。

【技術系/大学院卒】が大学院に進学する際に心配していたこと（複数回答）のトップは「学費や生活費など、経済的な問題」（31.2％）である（図2-19）。

図2-19　大学院に進学する際に心配していたこと（複数回答）

項目	割合
専攻で充実した研究ができるか	20.6%
進学後に研究者になれるか	6.6%
進学後に専門職になれるか	9.9%
専攻が社会のニーズに合っているか	12.7%
専攻が自分に合っているか	18.1%
学費や生活費など経済的な問題	31.2%
就職活動時の経済状況・求人状況	22.8%
研究室の人間関係になじめるか	6.9%
自分が研究をやっていけるか	26.8%
その他	1.3%
とくにない	23.0%

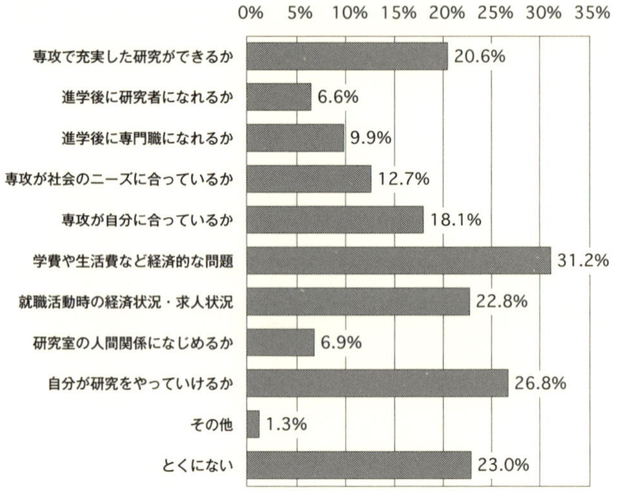

企業あるいは日本社会が必要とする理工系人材として大学院卒の人材が不足しているのであれば、公的な奨学金制度、あるいは経済界からの奨学金制度の充実によって経済的な不安を軽減して進学を支援することも重要であろう。一方で大学院の課程修了を必ずしも必要としない仕事への人材需要が満たされていないのであれば、学生は経済的な不安を抱えながら無理して大学院に進学せずとも学卒

就職のキャリアを歩むことができるかもしれない。学生の適切な進路決定を支援する観点からも、企業側の人材需要の動向をより詳しく探っていく必要があろう。

第4節　まとめ

　第2節では若年層技術系社員にとっての学びとキャリアの接続を【技術系／大学院卒】【技術系／大卒】【事務・営業系／大卒】の比較から検討してきた。第3節では若年層技術系社員のうち、学卒就職者と大学院卒就職者の入社後のキャリアの違いを検討してきた。第2節の考察からは、【技術系／大学院卒】の場合は学びとキャリアの接続が良好であり、専門的な研究を深めた結果として第一志望の業界・職種に就職している割合が高いことがわかった。一方、第3節の考察からは、学びとキャリアの接続が必ずしも良好ではない【技術系／大卒】も、「賃金水準」に対する不満を除けば、これまでのキャリア、仕事を通じた成長実感、現在の仕事の手ごたえ、現在の会社・仕事について、【技術系／大学院卒】とほとんど変わらない満足度であることがわかった。これらの結果と、企業側、特に3000人未満の規模の企業が理工系の大学生の採用を増やしたいと考えているという採用に関するアンケート調査の結果を考え合わせ、まとめとして以下の4点を指摘しておきたい。

　第1に、企業が求める人材要件や人員構成を大卒・大学院卒に分けて明らかにする必要があろう。どういう仕事にはどんな能力・資質が求められるのか、それは大学院で専門的に深く学ぶことを必須とする仕事であるのか否か。それらが明らかになることは、学生が進学・就職の意思決定を行う上で重要である。

　第2に、大学院に進学した者の採用にあたっては学びの過程を適切に評価する必要があろう。技術面接やジョブマッチング面接を行い、本人の専門性を適切に評価した上で採用・配置することは、後輩が大学院で学ぶ意欲や、当該企業に就職して技術者としてのキャリアを歩む意欲を高めることにもつながるだろう。

　第3に、【技術系／大学院卒】については学校推薦の制度が形骸化しないように努める必要があるのではないか。学校推薦制度が機能しなくなり学生が自由応募に流れると、大学院でじっくり学ぶことが叶わなくなり、企業が求める人材の質を企業がみずから押し下げていくことにもなりかねない。

第4に、【技術系／大卒】についても、今回の調査は自由応募が44.0%を占めていたが、大学4年次の研究を通じた能力形成の時間を保証するためにも、学内説明会と学内一次選考をキャンパス内で同時開催するなど大学との連携を深め、完全な自由応募に委ねた場合の就職活動・採用活動の混乱を防ぐ工夫が求められよう。そのことによって、大学の教員や就職部・キャリアセンターの職員と企業との相互交流、大学側と企業側の相互理解が深まり、企業が求める人材像に大学側がより対応しやすくなることにもつながると考えられる。

【参考文献】

経済同友会（2012）「新卒採用問題に対する意見」（2012年2月23日）
　http://www.doyukai.or.jp/policyproposals/articles/2011/pdf/120223a.pdf
日本学術会議（2010）「回答『大学教育の分野別質保証の在り方について』」（2010年7月22日）
　http://www.scj.go.jp/ja/info/kohyo/pdf/kohyo-21-k100-1.pdf

第3章　企業エンジニアの「成長実感」と就業前経験の関係

東京工業大学　学生支援センター　特任教授　伊東幸子

第1節　はじめに

　本稿では、電機メーカーで働く若手エンジニアの就業前経験について分析を行う。
　会社に入社してから成長実感を持って働いている企業エンジニアは、就業前にどんな経験をしているのだろうか？そこにはどういう特徴があるだろうか？「若年層組合員に関するアンケート調査」の分析をもとにみていきたい。
　ここで「仕事を通じた成長実感を持って働いているエンジニア」を分析対象とするのには以下のような理由がある。アンケート調査結果を分析したところ、賃金水準、労働時間、福利厚生、業務内容、教育・研修制度、職場の人間関係、仕事を通じた成長実感の中で、仕事を通じた成長実感が、現在の会社に入ってよかったかどうかの背景要因として最も重要な要因になっている。さらに、仕事を通じた成長実感と同期入社者と比べた昇進・昇格が早いと思うかどうかの間の関係を調べると、そこにはポジティブな関係がある。企業にとっては、本人自身が入社してよかったと思ってくれて、かつ、仕事ができる（昇進が早い）エンジニアは貴重である。本稿では、そのキーとなる概念の1つと考えられる「仕事を通じた成長実感」にスポットを当てたい。「仕事を通じた成長実感」は、これまでは、企業に入社後の人材マネジメントや育成との関連という観点で分析されることが多かったが、本稿では彼らの入社前経験の特徴について分析を行い、その特徴を明らかにする。それとともに、エンジニアへのポテンシャルがある若者が、理工系・エンジニアへの道から外れてしまうルート、あるいは、実は別のポテンシャ

ルがあると考えられる若者が、理工系・エンジニアの道に迷い込んでしまうルートも明らかにしていきたい。

　分析対象は、電機連合直加盟組合（一括加盟構成組合を含む）の技術系職種（研究職、開発・設計職、ＳＥ職）に従事する組合員、総数 3,407 名[1]。平均年齢 31.3 歳。最終学歴は高卒 225 名、専門学校卒・高専卒・短大卒 196 名、大学卒 1,187 名、大学院修了 1,793 名。進学した大学・短大の設置主体は、国公立 57.0％、私立 41.9％。進学した学部、学科は工学 - 電気電子工学関係 52.5％である。分析は、アンケート中の「あなたは仕事を通じて成長しているという実感がありますか。（○はひとつだけ）1. かなりある 2. ややある 3. あまりない 4. まったくない」に対する回答[2]と、就業前経験に関する複数の質問項目への回答との間にクロス集計表を作成し、カイ二乗検定で２変数間の独立性の検定を行い 5％有意で２変数間の連関（関係）のある／なしを判定した。検定結果から、２変数が独立であれば「質問項目と入社後の成長実感は連関（関係）がない」、２変数が独立でなければ「質問項目と入社後の成長実感は連関（関係）がある」と解釈した。連関がある関係に関しては残差分析を行い、入社後の成長実感に対してポジティブな影響なのかネガティブな影響なのかの解釈を行った。

第２節　成長実感を持って働くエンジニアの学生生活
　　　　（アンケートデータの分析より）

1. 子どものころ

　成長実感を持って働いているエンジニアというと、子どものころからそれらに直接関係のありそうなアクティビティ（機械の分解や組み立て、工作やプラモデル作りなど）に強い興味・関心があるのではという先入観がある。ところ

表３−１　子どものころのアクティビティと入社後の仕事を通じた成長実感との間の連関（関係）

	仕事を通じた成長実感
子どもの頃、親の仕事場に行ったり、親から仕事の話を聞いたりして、親の仕事の内容を知る機会の有無	○
小中学生の頃、興味・関心があった項目	
工作やプラモデル作り	×
機械の分解や組立	×
科学雑誌や図鑑	×
理科の実験	×
数字の計算	○
図形やパズル	○
料理をすること	○
運動やスポーツ	○

が、今回の分析では、それらのアクティビティへの興味・関心と、入社してからの成長実感とは関係がないという結果になっている。

成長実感と関係があるのは、運動、音楽という技術とは一見関係なさそうなアクティビティと数字の計算である。運動、音楽はともに習熟し楽しめるようになるまでに長期間の訓練が必要であり、かつ、幼少期にはじめるほうが生涯の習慣として身につきやすい。運動を通じて培われる体力は、将来何をする場合にも必須である。チーム競技やアンサンブル演奏であればコミュニケーション能力が求められ、指導者からは不条理な要求をされることもある。こういったことに子どものころから親しんでおくことは、エンジニアという専門性を超えて、社会人としての一番基本的な力を身につけるという意味で重要なことと思われる。

動物や植物の世話	△
自然観察	×
天体観測	×
テレビゲーム・携帯型ゲーム	×
ロボットアニメ	△
SF	×
パソコン	×
科学館や博物館に行くこと	×
自動車や鉄道など乗り物	×
絵を描くこと	×
歌を歌ったり楽器を演奏すること	○
日記や作文を書くこと	×
おままごとや人形で遊ぶこと	×

○：連関（関係）がある（ポジティブ）、△：連関（関係）がある（ネガティブ）、×：連関（関係）がない

連関がある関係に関しては、残差分析を行い、ポジティブな影響かネガティブな影響かの解釈を行った。

2. 高校生のころ
(1) 得意科目

教科に関して言うと「技術系、理系＝数学、物理が得意」というイメージがある。今回の調査でも、高校時代に数学、物理が得意ということと、成長実感との間には関係が見られた。高卒技能系の新卒採用が減少している現状を考えると、企業での技術者になるためには、理工系学部に進学せねばならず、大学入試で数学、物理で高得

表3－2　高校生、高専生のころに得意だった教科・科目と入社後の仕事を通じた成長実感との間の連関（関係）

高校生、高専生の頃に得意だった教科・科目	仕事を通じた成長実感
現代文	×
古典	×
数学	○
英語	×
日本史	×
世界史	×
地理	×
現代社会	×
政治経済	×
倫理	×
物理	○
化学	×
生物	×
地学	×
総合理科	×

点を取ることが必要になる。数学、物理が得意なことが、技術者になるための必要十分条件ではないが、少なくともエンジニアにとって専門知識を身につけたり、実務を行う際の基本的なツールであることは事実である。

保健体育	×
家庭科	×
情報	×
芸術	×

○：連関（関係）がある（ポジティブ）、△：連関（関係）がある（ネガティブ）、×：連関（関係）がない

連関がある関係に関しては、残差分析を行い、ポジティブな影響かネガティブな影響かの解釈を行った。

一方で、第3節でみるように、今回調査の大学ヒアリングや「上司アンケート調査」のフリーコメントからは、成長実感を持って働くエンジニアになるためには、教科としての数学、物理が得意で試験の点数が良いということ以外の何か別の要因がありそうなことがうかがえる。それはいったい何なのだろうか？引き続き彼らの就業前経験を追っていきたい。

(2) 文理選択

高校での文理選択や文理選択の時期はエンジニアとしての成長実感とは関係ない。高校での文理選択の理由について、成長実感と関係がある項目から見て取れるのは、この段階ですでに明確な個人のキャリア設計が出来ていることである。つまり、自分自身の興味、能力（得意）、大学進学やその先の将来つきたい職業のイメージなどを明確に自覚した上で、それにあった進路選択（文理選択）を行っていることがうかがえる。

表3-3 高校での文理選択と入社後の仕事を通じた成長実感との間の連関（関係）

	仕事を通じた成長実感
高校での文理選択（文系を選んだか、理系を選んだか）	×
高校での文理選択の時期（入学前、高1、高2、高3）	×
高校での文理選択の理由	
将来つきたい職業や進学したい学部にふさわしかったから	○
興味のある科目が多く履修できるから	○
得意な教科が多かったから	○
幅広い進路を確保しておきたかったから	×
進路変更の可能性を確保しておきたかったから	×
別のコースには苦手な教科があったから	×
親や兄弟に勧められたから	×
先生に勧められたから	×
希望していたコースに定員があり入れなかったから	×
希望していたコースに成績が不十分で入れなかったから	×

○：連関（関係）がある（ポジティブ）、△：連関（関係）がある（ネガティブ）、×：連関（関係）がない

連関がある関係に関しては、残差分析を行い、ポジティブな影響かネガティブな影響かの解釈を行った。

進路選択にあたっては、「得意」と「興味」のどちらを重視して選択を行うかという問いが常につきまとうが、今回の調査では、高校での文理選択に関してはどちらの項目も入社後の成長実感と関係があるという結果になった。むしろ、ま

ずは自分の「得意な教科」と「興味のある科目」を持つこと（数学、物理がまずは好ましいか）。さらにその「得意」と「興味」を明確に自覚することが重要なことのようである。成長実感を持って働くエンジニアを多く生み出すためには、ごくごく当たり前のことになってしまうが、生徒たちに理系の科目に興味を持ってもらうこと、さらにそれが得意であると思ってもらうことが重要のようである。さらに既に多くのところで言われていることだが、早い段階（中学以前）からの自分の能力、興味などを自覚し、将来をイメージして進路選択ができるように指導する「キャリア教育」の重要性が示唆されているとも考えられる。

(3) 大学進学の進路選択

エンジニアの成長実感と関係がある項目は、その学部、学科が自らのキャリア設計に合致しているかどうか、社会のニーズとの関わりが明確かどうか、立地、キャンパス、校風が良いかどうかである。高校の文理選択時よりもさらに明確に、「自分は将来こういう仕事がしたい」「大学でこれがやりたい」→「だからいまこの選択をする」という個人の明確な意思が確立されていることがうかがえる。ここに、いわゆる「条件の良さ」的な項目は含まれていない。

3. 大学生のころ

入学した大学の設置主体が国立か私立かは、エンジニアの成長実

表3-4 大学、短大での学部、学科選択で重視した項目と入社後の仕事を通じた成長実感との間の連関（関係）

大学、短大での学部、学科選択で重視した項目	仕事を通じた成長実感
将来つきたい職業にふさわしい内容である	○
専攻したい学問分野がある	○
得意の科目が活かせる	○
社会的ニーズがある学部・学科である	○
校風やキャンパスの雰囲気がいい	○
立地条件がよい	○
優れた教員がいる	×
教育体制と教育環境が充実している	×
研究環境が充実している	×
産業界との連携が充実している	×
留学ができる	×
資格・免許が取れる	×
大学院が設置されている	×
伝統や知名度がある	×
就職支援が充実している	×
就職実績が優れている	×
奨学金制度が充実している	×
授業料が安い	×
入りたいクラブ・サークルがある	×
自分の学力にふさわしい	×
先輩や友人がいる	×
学校の推薦が取れる	×

○：連関（関係）がある（ポジティブ）、△：連関（関係）がある（ネガティブ）、×：連関（関係）がない
連関がある関係に関しては、残差分析を行い、ポジティブな影響かネガティブな影響かの解釈を行った。

感とは関係がない。一方で、大学（短大）が希望通りだったかどうかは、成長実感と関係がある。興味深いのは、進学した学部、学科が希望通りだったかどうかは成長実感とは関係ないのだが、ゼミや研究室が希望通りだったかどうか、進学した学科の内容やカリキュラムに興味がもてたかどうかは成長実感と関係があることである。ゼミや研究室への所属理由についてさらに見ていく。

表3-5 入学した大学（学部、学科、研究室）への志望度、入学後の学習内容に対する興味、大学の設置主体と入社後の仕事を通じた成長実感との間の連関（関係）

	仕事を通じた成長実感
大学生活	
入学した大学（短大）が希望通りだったか	○
進学した学科の内容やカリキュラムに興味がもてたか	○
国立か私立か	×
入学した学部が希望通りだったか	×
入学した学科が希望通りだったか	×
ゼミや研究室に所属していたか	×
ゼミや研究室が希望通りだったか	○

○：連関（関係）がある（ポジティブ）、△：連関（関係）がある（ネガティブ）、×：連関（関係）がない
連関がある関係に関しては、残差分析を行い、ポジティブな影響かネガティブな影響かの解釈を行った。

成長実感と関係がある項目からは、ここでもまた、研究内容そのものに対する興味・関心及び、論文作成、研究という活動を行うことに対する意欲が見てとれる。一方で、卒業論文・卒業研究をたとえ前向きにではあっても手段的にとらえる考え方（自分の能力を高めるために行う、就職のために行う）は、成長実感と関係がないということになっている。卒業研究が決まりだからやらなければならないという考え方は、入社してからの成長実感とはネガティブな関係になる。

表3-6 ゼミや研究室への附属理由と入社後の仕事を通じた成長実感との間の連関（関係）

	仕事を通じた成長実感
ゼミや研究室への所属理由	
研究内容に興味・関心があったから	○
卒業論文・卒業研究を行いたかったから	○
ゼミ所属が卒業のために必須要件だったから	△
みんなが入っていたから	△
専門的な研究がしたかったから	×
先生方が魅力的だったから	×
自分の能力を高めたかったから	×
知り合いの先輩がいたから	×
単位取得のため	×
就職に有利だと思ったから	×
なんとなく	×

○：連関（関係）がある（ポジティブ）、△：連関（関係）がある（ネガティブ）、×：連関（関係）がない
連関がある関係に関しては、残差分析を行い、ポジティブな影響かネガティブな影響かの解釈を行った。

ゼミや研究室を選ぶことは、1つの専門を選ぶことである。後述するが、日本企業のエンジニアの場合、この段階での「専門」がエンジニアとしての最初の（場合によっては一生の）専門になることが多い。大学時代にある専門分野に関する

「興味」を強く持てるかどうか。これが入社してからのエンジニアとしての成長実感につながる１つ大きなカギになっていると考えられる。理工系、技術にかかわる専門の場合、ある専門分野に関する「興味」を学生に持たせることは意外に難しいようである。ある専門を理解するためには、多くの基礎理論の積み重ねが必要とされ、大学入学後の低学年時代の授業は、学生が興味を持ちにくい、これらの基礎理論の座学や学生実験の比重が大きいからである。今回の大学ヒアリングの中で、学生に専門分野に興味を持たせるための試みについて、ある国立大学教員は以下のように語っている。

> 学生にあった引きつけ方が必要。学生の興味の対象がどこにあるか。２年生の春に講義をするが、最初の１時間目は有機ELで出来ることを説明し、興味を引く話ばかりをする。いわゆる講義はやらない。いきなり基礎ではおもしろくない。自分が面白くないことは聞いている学生が面白いわけがない。自分が面白いと思っていることを最初に説明する。

また、地方私立大学のヒアリングでは、大学の教育方針を以下のように語っている。

> 「これは将来大事だから覚えなさい」という指導ではなくて、本学は「ロボットが好き」「建築物が好き」「化学実験が好き」というところからいかに学習意欲を触発させていくかであり、要は具体的な将来像を描かせてモチベーションを高めよう、動機づけしようということである。

次にエンジニアの卵たちの学生生活のさまざまなアクティビティへの取り組み度合いと、入社してからの成長実感との間の関係を見てみたい。

今回の調査対象者には、理工系の修士以上出身が多い。理工系は文系に比べて低学年から授業や実験の負荷が大きく、特に研究室に所属してからは長時間研究室で過ごすことが多いため、学生生活をサークルやアルバイトの経験なしで過ごす学生が一定数存在する。一方で今回のアンケート結果からは、専攻・専門領域の学習活動に加えて、海外留学・語学研修、アルバイトの経験も入社してからの成長実感と関係があるという結果になった。学業の必要上どうしても狭い世界に閉じこもることになりがちな理工系の学生にとって、学生時代にアルバイトや海外で経験を積むなど、経験の幅を広げておくことは、入社してから技術者として成長実感を持つために必要なことのようである。

表3－7　学生生活への取り組み度合いと入社後の仕事を通じた成長実感との間の連関（関係）

学生生活への取り組み	仕事を通じた成長実感
専攻・専門科目の学習活動	○
部活動・サークル	×
アルバイト	○
海外留学・語学研修	○

○：連関（関係）がある（ポジティブ）、△：連関（関係）がある（ネガティブ）、×：連関（関係）がない
連関がある関係に関しては、残差分析を行い、ポジティブな影響かネガティブな影響かの解釈を行った。

　そうはいっても、研究室に配属した後、修士修了までの短い期間にこれらの経験を積むことは時間的な観点で難しい。理工系の大学生が社会に出るまでに身につけておくべき能力、そのために必要な経験を体系的に整理し、大学～大学院生活をトータルで考えて「いつ、何をするか？」のデザインのひな型を作り、入学後の早い時期から学生に周知していくような試みが必要と思われる。たとえば、研究室に配属する前の期間（学部1～3年）に、講義に出ながらこれらの学外体験を積極的に経験するようにする。あるいは、一部の大学で取り組まれているように、修士から博士課程に進学後にアカデミックキャリアではなく民間企業就職することを視野に入れ、博士課程中に研究内容を活かした企業体験（インターンシップ）、海外留学を経験するなどが考えられる。

4. 大学生院のころ

理工系で技術者になる場合、学歴は大学院修士課程修了が必須という考え方があるせいか、今回の調査では、電機産業の技術系職種の場合、大学卒業後に大学院に進学するケースが多い(59.5%)[3]。しかし、技術者としての成長実感と大学院に進学したかどうかは関係がない結果になっている。ひとことで企業の技術系職種といっても、その内容を個別に精査すれば、必ずしも大学院修士課程での経験（研究室での専門領域に関する研究、論文執筆の経験）を必要としない仕事も存在すると考えられる。

大学の学部を選ぶ際には社会的ニーズに合っているかどうかという点が成長実感と関係ある項目として上がってきたが、大学院進学の際にはそれが入ってこない。理工系の場合、学部3、4年で研究室に配属した段階で、ある程度「自分の技術者としての最初の専門はこれ」が決まり、大学院に進学する際に、それ以外の選択肢も含め社会的ニーズも考慮して進学先を選びなおすという行動はとらないケースが多い。その他の質問項目の傾向を見ても、この段階までくると、自分の「専門」が明確に意識されており、それを深めるために大学院に進学する、大学院で専門の研究に熱心に取り組む、その延長線上で専門を活かす仕事をするという将来像が描かれてくる。このタイプと入社してからの成長実感との間の関係が明確になってくる。他のことには目がいっていない。これは、大学院進学の際に心配した項目（成長実感とポジティブに関係する心配事項なし）からも読み取れる。

表3-8 大学院生活と入社後の仕事を通じた成長実感との間の連関（関係）

	仕事を通じた成長実感
大学院生活	
大学院に進学するかどうか	×
大学院進学の理由	
専門的な研究を深めたかったから	○
進学して専門職を目指したかったから	○
進学して研究者を目指したかった	×
指導教員に進学を勧められた	×
進学したほうが就職に有利だから	×
進学するのが当然の雰囲気だから	×
まだ就職したくなかったから	×
就職活動がうまくいかなかったから	×
大学院進学の際に心配していたこと	
学費や生活費など経済的な問題	△
自分が研究をやっていけるか	△
専攻で充実した研究ができるか	×
進学後に研究者になれるか	×
進学後に専門職になれるか	×
専攻が社会のニーズにあっているか	×
専攻が自分に合っているか	×
就職活動時の経済状況・求人状況	×
研究室の人間関係になじめるか	×
大学院の設置主体	×
大学院で専攻した内容について、興味がもてたか	○
大学院での研究活動にどの程度取り組んだか？	○

○：連関（関係）がある（ポジティブ）、△：連関（関係）がある（ネガティブ）、×：連関（関係）がない

連関がある関係に関しては、残差分析を行い、ポジティブな影響かネガティブな影響かの解釈を行った。

この段階で、専門性がかなり明確に意識されていることと、それ以外の進路選択があまり考慮されないことは、①長い目で見てエンジニアのキャリアにとって好ましいことかどうか、②企業のエンジニアになる進路選択をする学生を増やすにはどうしたらよいかという2つの観点から、一度考察が必要かもしれない。現状では、理工系の修士卒で大手電機メーカーに技術職で就職しようとする場合、大学院での研究の専門性と会社の事業部の求める専門性のマッチングが、技術面接やジョブマッチング面接で見られることが多い[4]。実は工学関係のエンジニアになりたいが、大学進学時に理学系や基礎重視の学部に進学した場合などは、本人にエンジニアの潜在的な適性があったとしても、現状の即戦力マッチング重視の就職システムにおいては企業エンジニアとして採用されにくい面がある。実際に専攻や研究室を変えるかどうかは別として、将来就くことになる仕事のことを含めて、大学院進学の段階で、現状の専門を続けることでいいのかどうか、明確に判断する機会を持つことも必要かもしれない。

5. 就職活動

就職活動時の志望度（業界として、職種として、会社として）は、いずれも入社してからの成長実感と関係がある。これは、文系ではある意味当たり前なのかもしれない。一方で理工系大学生の採用方法の特徴である「学校推薦制度」を考慮すると、また違った観点が出てくる。分野、企業、大学による温度差はあるとはいえ、大学の理工系の学部・研究科と企業の間には、学校推薦の制度がある[5]。企業が大学（専攻、研究室、教授）宛てに適切な学生を推薦するよう依頼を出し、それに対して大学が学生を推薦、推薦された学生に対しては自由応募よりも短い選考プロセスで採用が決まるという仕組みである。（従来は学校推薦経由であればほぼ100％内定という時代もあったが、現在では学校推薦経由でも内定は保証されない。）

エンジニア（とくに研究を担当する場合）の基礎を身につけるためには、大学（大学院）で理系の基礎学習や研究（特定分野のみに精通するというよりはむしろ、ある研究テーマの遂行を通じて、汎用的に使える「研究（仕事）のやり方」を身につけること）に没頭することが重要である。とくに、「既知のことを人に教えてもらう」から「未知のことに自ら取り組む」へと学習のモードが大きく切り替わる研究

室への配属と最初の研究活動に取り組む時期（学部4年～修士2年）は非常に重要な時期になる。その最中に、現在の日本における一般的な就職活動の長期にわたり煩雑で膨大、かつ、エンジニアとしての基本的なスキル形成とはあまり関係がない作業に巻き込まれて勉学を中断させられることは、エンジニアとしてのキャリア形成の重要な基礎を消失させてしまいかねず、大学を卒業した後も長期にわたって重大なロスになる。このロスを避けるという意味で、一般的な就職活動プロセスを減らす学校推薦制度は重要な役割を果たしてきた。ただし、今回の調査結果を考慮すると、その制度の使い方において、いままでにはない工夫が必要だと考えられる。学生が、たまたま推薦枠があったから等の消極的な理由ではなく「自分はこの

表3－9　就職生活と入社後の仕事を通じた成長実感との間の連関（関係）

	仕事を通じた成長実感
就職活動	
学校推薦か？自由応募か？	×
志望度	
業界として	○
会社として	○
職種として	○
どのような活動を行ったか	
会社説明会に参加	×
学内開催の就職関連イベントに参加	○
企業訪問・職場見学	○
インターンシップに参加	○
企業で働くOB・OGの話を聞いた	○
OB・OG以外の社員の話を聞いた	○
学校の進路相談室・就職部等に相談	×
学校の担任・ゼミ担当教員等に相談	×
ハローワークの専門スタッフに相談	△
企業で働く家族などから話を聞いた	×
書籍やインターネットで調べた	○
就職先企業との共同研究や共同開発	×
とくに活動はしていない	×
就職先を選ぶ際、誰に影響を受けたか	
学校の進路相談室・就職部等の職員	×
学校の担任・ゼミ担当教員等	×
ゼミや研究室の先輩・OB・OG	○
友人・知人	×
父親	○
母親	○
配偶者・恋人	×
きょうだい	×
親戚	×
企業の経営者	×

	仕事を通じた成長実感
企業の採用担当者・人事担当者	○
企業で働いている学校のOB・OG	○
学校のOB・OG以外の社員	×
ハローワークの専門スタッフ	×
とくに影響を与えた人はいない	△
会社選択時に重視した点	
業種	○
企業規模	×
知名度・ブランド力	○
経営者・経営理念・ビジョン	○
開発力・技術力	○
成長性・将来性	○
グローバル・国際性	○
社会・地域貢献度	○
施設・設備	×
賃金水準	○
雇用の安定性	○
勤務時間・勤務制度	○
福利厚生	○
教育・研修制度	×
勤務地	○
職場の雰囲気	○
学んだことが活かせる	○
自分の能力・個性が活かせる	○
優秀な人材が多い	○
社会的意義のある仕事ができる	○
仕事を通じ専門的知識等が身につく	○
仕事を通じて幅広い人脈ができる	×
仕事を通して成長できる	○
学校や先生とのつながりがある	×
先輩が働いている	×

○：連関（関係）がある（ポジティブ）、△：連関（関係）がある（ネガティブ）、×：連関（関係）がない

会社（業界、職種）で働きたい！」という明確な意思を持った上で推薦枠を活用するよう働きかけること、そういう指導、カリキュラムを大学生活の中に組み込むこと。それが入社後の成長実感のためには必要になってくると思われる。

　学内開催の就職関連イベントは、理工系の場合、専攻や研究室単位で行われることが多い。ここでは、企業が複数の大学の学生を対象にオープンに行う会社説明会よりも、より学生の在学中の専門性と入社してからの仕事、キャリア、会社が求める人材像との関連を明確に意識した情報提供が行われる。企業からこれらのイベントに説明に来る人は、OB・OGであるケースが多い。企業訪問・職場見学は、研究所や工場見学など実際に入社してから配属される場所を見に行くことが多く、そこで、現場の技術者との面談・懇親会・技術面接などが設定され、より直接的に仕事の現場やそこで働く技術者の姿に接し仕事の話を聞くことができる。

　学校の進路相談室、就職部、キャリアセンターのスタッフへの相談、学校の担任、ゼミ担当教員、指導教員、就職担当教員などへの相談は成長実感と関係ない。企業関係者では、企業で働いている社員（OB・OG、OB・OG以外いずれも）や人事担当者は関係がある。企業で働く人なら誰でも良いという訳ではなく、経営者やその企業で働く家族などから話を聞くケースは成長実感と関係がない。たとえ同じ企業（業界・職種）に勤めている場合であっても、経営者や家族は学生とは専門性や年齢が大きく離れていることが多い。

　理工系学生の場合、就職活動で「企業で働く人の話を聞く」ことの意味は、「社会人として、企業人としての一般的な心構え」「その企業（業界、職種）の一般的な情報」を知ることではなく、入社してからのエンジニアとしての仕事に直結した情報を、仕事の現場で、学生本人が自分のキャリアの延長線上に容易にイメージできる社員（同じ専攻のOB・OG、第一線の技術者など）から直接聞くことにあると考えられる。

　インターンシップへの参加は成長実感と関係があるが、就職先企業との共同研究や共同開発は関係がない。よりリアルな仕事環境に比較的長期間接することができる共同研究、共同開発が関係ないことは意外な結果とも考えられるが、理工系の場合、在学中の共同研究、共同開発は、本人の意思で参加するというよりは研究室や指導教員の意向で参加する傾向が強い。一方でインターンシップは、学生が自発的に参加するケースが多い。その企業・業界・職種に関する書籍を読ん

だり、インターネットで調べたりしたことと成長実感は関係がある。就職活動に関しては「何をやったか」ということも大事だが、そこに「自主性、自発性があったか」という観点も入社後の成長実感との関連では大事なのかもしれない。

成長実感と就職先企業選択における「人からの影響」との関係については、行った就職活動の種類と同様、企業で働いている学校のOB・OGとの関係が強いことが理工系の就職活動の特徴と考えられる。回答数でみても、特に大学院修了者で学校の先輩・OB・OGに相談している件数が多い。企業で働いている学校のOB・OGは、学生からみれば、今回の「若年層組合員に関するアンケート調査」の選択肢の中では、自分とほぼ同様の「学校での学び」「専門性」と、自分がこれから経験するであろう「入社後の仕事」の両方を知っているほぼ唯一の存在になる。この結果は、学生時代の学び、特に研究室での学びと入社してからの仕事との間のつながりの深さを示唆し、就職先企業選択時にこの間のつながりを明確に意識することが、入社してからの成長実感に結び付くとも考えられる。

学生時代の学びと仕事の現状とのつながりについて、今回の「若年層組合員に関するアンケート調査」ではより直接的に「学生時代に学んだことが仕事に活かされているか？」を問うている。これに関して、＜そう思う＞と答えた比率は技術系職種で34.9％である。この結果だけからみると、学生時代の学びと仕事の現状との間を、意識的には「分断」ととらえているエンジニアが多いということになる。ところが、この変数と、入社してからの成長実感の間には以下のような明確なポジティブな関係が見て取れる。

入社してから成長実感を持って働いているエンジニアは、学生時代の学びと仕事との間を、実態（実際に大学で学んだことが仕事で直接活かされているかどうか）は別としても、少なくとも個々人の意識

表3-10 （仕事について）学んだことが活かされているかどうかと、仕事を通じた成長実感との間の連関（関係）

（仕事について）学生時代に学んだことが活かされている		仕事を通して成長しているという実感		
		あり	なし	合計
活かされている	度数	979	188	1167
	％	29.8	5.7	35.5
	標準化残差	3.8	-6.5	
活かされていない	度数	1462	657	2119
	％	44.5	20	64.5
	標準化残差	-2.8	4.8	
合計	度数	2441	845	3286
	％	74.3	25.7	100

$\chi^2=87.409$, $df=1$, $p<.01$

標準化残差は、+1.96より大きい場合は5％水準で有意に多い（観測度数が期待度数より多い）ことを意味し、-1.96より小さい場合は5％水準で有意に少ない（観測度数が期待度数より少ない）ことを意味する。

の中で「分断」ではなく、「接続」と捉えているようである。この「接続」関係を担保している要因は多く考えられる。第1点目は、大学時代に興味を持って一生懸命学び研究することを通じて多くのことが身に付き、かつ、その内容が実際に入社後の仕事の中において活かされているという直接的な関係である。理工系の教育カリキュラムと企業で必要とされる能力との間の、(いままでのところの、ある程度の) マッチングの良さを表しているとも考えられる。入社時、あるいは入社してから担当する専門、技術が変わることは多々あることなので、大学で学んだ専門や技術そのものが入社後もずっと活きていると考えるより、学生時代の学びの中で身に付いたより汎用的な力が入社後を通じてエンジニアとして成長実感を持って働き続けるのに役立っていると考えるほうが自然だろう。第2点目に就職活動という観点では、自分のロールモデルになり得るOB・OGと接したり、会社訪問の中で入社してから働くことになる研究所や工場を見学し、そこで働くエンジニアたちに話を聞く事を通じて、入社前から「自分の今までの学びは、会社に入ってからこんな風に役に立つのだろう」という具体的で現実的なイメージが醸成されると考えられる。

　この結果は示唆が大きい。本調査と同時に行われた「採用に関するアンケート調査」では、技術系の採用選考において、とくに中堅規模以下の企業では学生時代の専門、研究について問うことにあまり重きを置いていない傾向が見られる[6]。入社後にエンジニアに成長実感を持って働いてもらうためには、技術系の社員が学生の専門に対する興味や、その専門を自分で探求していく過程である研究について問う場面を多く設定することが望ましい。採用にあたって重視している点の第一位は「熱意・意欲」である。これについては、今回調査では「何に対する熱意・意欲を重視するのか？」を明らかにして質問してはいないが、大学時代の専門、研究への取り組みに関する興味関心の強さ、熱意、意欲を採用選考の場面で積極的に深く聞いていくことが重要と考えられる。学生時代の専門や研究の内容と、入社してからの仕事を明確に関連付けるための各方面での仕組みづくりも必要になる。

　本調査の大学ヒアリングの中で、「大学での教育は企業で役に立つことをやっているわけではない。」という趣旨の話があった。大学人の中には、これと同じような考え方を持っている方もおられると考えられる。大学での教育、あるい

は大学の教職員はこの考えに基づいていたとしても、大学で教育される内容が企業で働くエンジニアにとっても本質的で役に立つものであればもとより問題はない。さらには、大学での学びと入社してからの仕事の関係が、在学中の教室や研究室の場面では学生にとって多少わかりにくくても、その大学のOB・OG経由の地下水脈的なルートを通じて、その関係がうまく後輩の学生たちに伝えられた場合には、入社してから成長実感を持って働けるエンジニアが育つと考えられる。アカデミックな世界での専門や技術の境界、企業の事業・技術領域の境界の双方が拡大しわかりにくくなっている現代では、理工系の大学での専門と企業での技術系の仕事の専門との関連はより不明瞭になってきている。自分が学んだ専門が活かせる仕事にはどんなものがあるのか？1研究科、1専攻、1研究室の先輩・後輩の縦のつながりだけでは、その関係を把握することも難しい。大学においては、今後はもう少し全学的で制度的な仕組み、たとえば、キャリア教育のカリキュラムや各種のキャリア支援施策を通じて、この両者の関係を明らかにし学生に伝えていく道を作っていくことも重要であろう。

6. 理工系学生とっての研究室、研究活動の意義〜仕事につながる、ひと皮むける、良質な体験〜

ここで少し視点を変えて、理工系の研究室への所属とそこでの研究活動を体験することの技術者として企業で働くことに対する意味を考えてみたい。理工系（とくに研究を重視する大学の工学系）の研究室は、研究設備にコストがかかることが多く、研究費を獲得するために継続的に研究成果を上げることが求められる。このことが、これらの理工系研究室に、教育の場でありながら一種の「職場」としての性格を持たせることになる。コアタイムが設定され、メンバーはコアタイムの間は研究室で研究活動に従事する。教授を筆頭に、助教、ポスドク、大学院生、学部4年生、研究生や留学生など、年齢も立場もそれぞれ異なる人達が協業する。研究室全体の方針や計画、独自のしきたりや文化があり、それになじみ、上司の言うことを聞いて作業し、ときに不条理も受け入れることが求められる。学部4年生や修士1年生は「新入社員」として、資材の管理や廃棄物の処理、実験動物の世話、ゼミ旅行の幹事など各種の雑用もこなさなければならない。自分の研究テーマをこなすこと以外に先輩の研究の手伝いがあり、学年があがれば後輩の面

倒を見ることも仕事になってくる。

　ゼミの時間だけ、同じ学年のメンバーが研究室に集まる文系の研究室活動に比べれば、分野にもよるが、理工系は学生生活にしめる「研究室生活」の比率と負担はかなり大きい。このことは、修士2年や学部4年で研究室を出て民間企業に就職する学生にとって、メリット・デメリット双方の作用を持つ。メリットは大きい。本人の意欲と能力があれば、自分はリスクを負わずにオリジナルな研究テーマを一人で担当するチャンスに恵まれる。未知のことに対して、自分で問いを立て、研究計画や実験計画を作り、先行研究調査、実験設備の手配やときに自分で設備の設計開発、実験、結果の整理、ディスカッション、考察、資料作成、学会を含めた発表、論文執筆・・・と、1つの研究テーマを完成させるまでの一連のPDCAサイクルを回すことができる。うまくいかないことは多々ある。実験を始めるどころか、初めて導入する機材がうまく動かず業者との交渉に明け暮れることもあり、延々と実験を重ねて何ヵ月も結果が出ないこともある。一度実験を始めればそばについていなければならず、何日も研究室を離れられないこともある。機材や知恵を借りに他研究室や外部の研究機関に出入りしたり、企業と共同研究するなど外部との協業を経験する学生もいる。そうやって日夜努力を重ねても結果が出なければ、研究室のディスカッションや発表では容赦ない厳しい指摘が飛んでくる。

　アカデミックな意味での成果が出せたかどうかは別として、あれやこれやの困難を乗り越えて1つのテーマに関して卒業論文や修士論文を完成させるころには、少なくとも自分のテーマに真剣に取り組んでいた学生には、研究分野の専門知識や技術に加えて、研究プロセスを通じて今の企業社会で求められる各種の基礎力が成果として身についてくる[7]。これらの力は、あるテーマにしか通用しない専門知識や技術ではなく、研究テーマが変わり、所属する場所が大学から企業になっても変わらずに本人の「武器」になり得る力になる。もう少し専門に近いところでいえば、理工系の研究に必須の解析、実験、シミュレーション、プログラミングといったスキルは、テーマが変わっても広く活用することができる。

　デメリットは、研究室活動に割く労力と時間が大きくその他の活動がやりにくいことである。これに関しては、前述したように、研究室配属前、あるいは最初の研究テーマを仕上げた後の博士課程時代をうまく活用することで補うことが可

能と考えられる。

第3節　困った理系学生、困った技術系社員ができるまで
（ヒアリング結果より）

　アンケート結果の分析を通じて「入社してから成長実感を持って働くエンジニア」の入社前経験の特徴を明らかにしてきた。今度はそうでないパターン、つまり「困った理工系学生、困った技術系社員ができるまで」のパスを、おもに関係者へのヒアリング調査から明らかにしてみたい。

　今回研究会が実施した調査の中には、「上司アンケート調査」がある。この中で、上司は部下の若手エンジニアの仕事に対する姿勢に対して、概ねポジティブな評価をしている[8]。一方で、ネガティブな評価をしている上司は9.4%。数としては少なそうだが、ネガティブに評価した上司から得たフリーコメントからは、いくつかの共通する特徴が見られる。①知識・スキル不足　②受け身、指示待ち、言われたことしかしない　③自ら考え行動する力の不足　④積極性に欠ける、努力をしない　⑤論理的でない　⑥課題発見力・解決力が弱い　⑦コミュニケーション力不足である。ここから見えてくるのは、技術者としての知識、スキルがなく、言われたことしかせず、自ら考え行動しようとしない技術系社員の姿である。技術系社員というと、「専門性には優れているが、対人コミュニケーション能力面が課題」というステレオタイプで語られることが多いが、これらの上司コメントから共通に見えてくる若手技術系社員の最大の課題は、コミュニケーション能力の欠如よりもむしろ「主体性のなさ」だといえる。主体性のない技術系社員の入社前はどんな姿なのだろう。今回の調査とは直接関係ないが、「企業が求める人材像」を見た理工系学部の4年生がこんなホンネを語っている。

> 言われなくても動けって言うのは、何を言われているのかさっぱりわかりません。中学時代は、余計なことはするな、言われたことだけしろと言われてきました。高校に入ってからは学校よりも塾が中心の生活。塾では、指定された教科書を教えられた通りに解き、

> 言われるとおりの大学、学部に進学しました。言われたことだけ、言われた通りにやるものだと思っていたのに、会社に入れば言われないことをやらなければならないというのは、どういうことなのでしょう。自分は生まれ変わらなくてはならないということでしょうか？

　企業の上司アンケートのフリーコメントとこの学生の言葉との間には、いま企業が技術系人材に求める人材像と、今の日本の学校システムの中のあるネガティブな側面に適応して大学生になった学生との間の大きなギャップが明確に表れている。首都圏国立大学教授ヒアリングでは、以下のような実態が語られている。

> 問題と答えを一対一で覚えて教科の成績だけは良いが、本質的な勉強の仕方がわかっておらず、研究室に入ってから苦労する学生が2000年代半ばから増加している。

　前述したように、理工系学生にとっての研究室は「受動的な学び→主体的な学び」「答えがあることを教えてもらう→答えがないことを自分で探求する」と、学びのモードが大きく変わる節目である。「困った理工系学生」は、企業に入る前にすでに大学の研究室に所属する段階で大きな壁にぶつかる。

　高校進路指導教諭ヒアリングからは、少子化時代の高校が生き残りをかけて有名大学合格率向上のための目先の受験指導に注力しなければならない事情、生徒の問題行動を抑えるための生活指導に教員の時間が割かれ教科指導に時間が取れない、それらのことと相まって、理科の実験では教師生徒双方、失敗が許されないことも多い・・・などといった実態が聞かれる。これらの実態も、今まで見てきた「困った技術系社員、困った理工系学生」ができる経緯と整合的である。

第4節　まとめ

　ここまで「成長実感を持って働くエンジニア」「困った技術系社員、困った理

工系学生」の就業前体験の特徴についてみてきた。

　一番若い時期に、人間として今後生きていくために必要な基礎力（体育、音楽）などを身につけ、その後、エンジニアにとってのツールである数学、物理を身につけ、自分が興味を持って探求できる専門領域、対象に出会いその探求に熱中できる環境（研究室）にめぐりあう。その延長線上で最初の仕事をみつける。成長実感を持って働いている若手エンジニアの就業前の姿としては、そんな様子が見て取れる。基礎力、ツールとしての教科、興味を持って打ちこめる対象、探求に打ち込める環境、いずれも重要で、かつ、「技術者になる＝大学の理工系学部に進む」という現状を前提とすると、それぞれの順番も重要になってくる。数学、物理は、後から身につけたり学んだりすることも可能だが、大学入試に間に合う時期までに最低限入試を突破するレベルまでは身についていなければ制度的な制約から後でリカバリーすることが難しい。ここの制約をうまくクリアできれば、興味を持つ対象に巡り合うのは、大学入学前でも後でもいつでも可能である。

　大学ヒアリングからは、大学の偏差値の難易度とは関係なく、入学してきた学生に手厚く学生の興味を引き付けるところから力をつけさせようとする試みの数々について聞くことができた。一方、困った技術系社員、困った理工系学生のプロフィールからは、ただ教科の学習のみ（きめられた問題をきめられた手順で解く）を言われたとおりにこなすことに専念し、興味を持って取り組める対象とのめぐりあいやそれに対して自らを投入して一生懸命探求した経験に欠けることに気がつく。大学を卒業するまでのどこかの段階で、なんらかの出会いやきっかけで「困ったルート→成長実感ルート」へと転換が起こっているケースも多々あると考えられる。ただ、第3節で紹介した学生のホンネにあるように、大学の卒業が目に入る時期までくると、「生まれ変わり」は難しくなってくる。

　成長実感を持って働けるエンジニアを増やすためには、入社後の人材マネジメントのみではなく、入社前、教育段階からの本稿で述べてきたようなことを意識した取り組みが重要と考える。

【参考資料】
守島基博（2004）『人材マネジメント入門』日経文庫

【注】

(1) 本稿では、研究職を含めて、技術系職種全体を「エンジニア」という用語で扱う。

(2) 成長実感に関する回答割合は次のとおり。

「かなりある（11.8％）」、「ややある（60.4％）」、「あまりない（22.5％）」、「まったくない（22.5％）」、「無回答（5.3％）」。若者層ほど、＜ある＞が多く、年齢が上がるにつれ＜ない＞が増加し、35歳以上では3割を占めている。

(3) 今回調査の他産別の調査からは、自動車総連、情報労連に比べて電機連合の大学院進学比率が高いことが明らかになっている。（事務職も含めた集計だが、電機連合（大卒：39.3％、大学院修士課程終了：36.3％）、自動車総連（大卒：53.5％、大学院修士課程終了：26.2％）、情報労連（大卒：64.4％, 大学院修士課程修了：23.0％）

(4) 「採用に関するアンケート調査」結果によると、技術面接を行う企業は全体で48.9％。従業員3000人以上企業で73.5％。ジョブマッチング面接を行う企業は全体で11.6％, 従業員3000人以上企業で30.6％。

(5) 「採用に関するアンケート調査」結果によると、理工系大学生・院生の採用でいわゆる「学校推薦」を行っている企業は全体で46.4％。従業員3000人以上企業では、77.6％になる。推薦応募か自由応募かは、入社してからの成長実感とは関係ない。

(6) 「採用に関するアンケート調査」結果によると、理工系大学生・院生の採用にあたっての選考方法で、技術面接を行っているのは全体で48.9％（従業員3000人以上では73.5％）、ジョブマッチング面接を行っているのは全体で11.6％（従業員3000人以上では30.6％）である。理工系大学生・院生の採用にあたって重視している点（5つ以内選択）は、熱意・意欲（83.7％）、ヒューマンスキル（66.9％）、基礎学力・一般常識（60.1％）、専門分野の知識・スキルの習得度（50.9％）、専攻・専門分野・所属研究室（49.7％）、大学・大学院での成績（23.1％）である。

(7) 経済産業省 社会人基礎力12の能力要素：主体性、働きかけ力、実行力、課題発見力、計画力、創造力、発信力、傾聴力、柔軟性、状況把握力、規律性、ストレスコントロール力

(8) 「上司アンケート調査」結果によると、部下である技術系若手社員の仕事に対する姿勢については「かなり期待に沿った仕事をしている（10.9％）」「ある程度期待に沿った仕事をしている（75.6％）」の合計が全体の86.5％を占める。

第4章　電機産業の魅力要因とその向上課題

労働政策研究・研修機構 主任研究員　呉 学殊

第1節　電機産業の魅力と競争力の4つのタイプ

　電機産業の魅力を高めるためには、人に限ってみれば優秀な人材の採用と採用後の人材育成が大事である。ここでは、「若年層組合員に関するアンケート調査」に基づき、電機産業の魅力向上のために必要な課題を析出することにしたい。

　その分析方法として、現在、電機業界が魅力的だと「思う」「思わない」という回答と同期入社者に比べて昇進・昇格が「早い」「遅い」という回答を用いる。若者組合員が電機業界に魅力を感じることは、働く意欲、定着等に極めて重要な要素であるが、それが中長期的に維持・向上されるためには電機産業が競争力を持たなければならない。その競争力を担うものは技術、事業戦略、リーダーシップ、人材等多様であるが、ここでは人材に絞ることにする。同期入社者に比べて昇進・昇格が「早い」「遅い」を採用し、電機産業の競争力を担う人材像を描くことにする。このため、昇進・昇格が「早い」「遅い」については、「競争力がある・ない」と置き換える。電機業界の魅力と競争力とのクロス集計を用いて、表4-1のとおり、若者組合員を4つのタイプ（以下、「魅力・競争力4タイプ」と称する。）に分けることにする。

表4-1　魅力・競争力4タイプ

魅力	昇進・昇格	昇進・昇格 早い（競争力がある）	昇進・昇格 遅い（競争力がない）
あなたにとって、現在の電機業界は魅力的ですか。	「そう」+「ある程度そう」	有魅有競　398人 (7.5%)	有魅無競　609人 (11.5%)
	「あまりそう思わない」+「そう思わない」	無魅有競　258人 (4.9%)	無魅無競　688人 (13.0%)

（注）実際の調査では、「同期入社者に比べて昇進・昇格が早いと思いますか」という問いに対して、「早い」、「遅い」のほかに、「どちらともいえない」と答えた人も3337人いた。その中、電機業界が「魅力的だ」と答えた人は1977人と全回答者の37.4%、「魅力的ではない」と答えた人は、1350人と25.6%であった。紙面上、また、理解しやすくするために、これらの回答者は分析の対象からはずしたが、基本的に大きな問題点はないと見られる。これらの回答者を入れて分析した内容は、電機壮健（2012）『若年層からみた電機産業の魅力研究会報告』の第4章を参照されたい。

第1のタイプ（有魅有競）は、電機業界は魅力的であると回答し、同期入社者に比べて昇進・昇格が早いと回答したタイプであり、398人（7.5%）が該当する。
　第2のタイプ（有魅無競）は、電機業界は魅力的であると回答し、同期入社者に比べて昇進・昇格が遅いと回答したタイプであり、609人（11.5%）が該当する。
　第3のタイプ（無魅有競）は、電機業界は魅力的ではないと回答し、同期入社者に比べて昇進・昇格が早いと回答したタイプであり、258人（4.9%）が該当する。
　そして、第4のタイプ（無魅無競）は、電機業界は魅力的ではないと回答し、同期入社者に比べて昇進・昇格が遅いと回答したタイプであり、688人（13.0%）が該当する。
　上記のタイプを職場生活やキャリア意識等の項目とクロス集計し、魅力のある電機産業とより競争力のある人材育成や採用のあり方と課題について考察する。

第2節　電機業界のみられ方／イメージと課題

　魅力・競争力4タイプによる日本の電機業界に対するイメージの違いについて見ることにする（図4－1）。「社会や地域に貢献している」等の「電機業界のイメージ12項目」について肯定的（魅力的である）に回答した割合を見ると、その割合は競争力の強弱よりも電機業界に魅力を感じるかどうかによって左右されるといえよう。すなわち、電機業界に魅力を感じるタイプほど12項目に関する肯定的なイメージが高くなっている。タイプ別に、12項目に対して肯定的に回答した値の合計を見ると、「魅力も競争力もある（有魅有競）」(822.8ポイント) ＞「魅力はあるが競争力がない（有魅無競）」(802.1ポイント) ＞「魅力はないが競争力がある（無魅有競）」(681.3ポイント) ＞「魅力も競争力もない（無魅無競）」(634.8ポイント) であった。ざっくり言って「魅力がある」の2つのタイプが「魅力がない」の2つのタイプより、大きくその値が高い。肯定的な回答が多いのは、「高い技術力を持っている」、「優れた製品・サービスを提供している」、「社会や地域に貢献している」、「技術や特許等、多くの知的財産を持っている」でありタイプ計で80%を超えているが、どちらかといえば、個人的なかかわりから遠い事項、いわゆる「個人遠心事項」であり、タイプ間に最大10ポイント前後の差はあるものの、そう大きくはない。一方、個人的なかかわりの強い事項である「雇用が

安定している」、「仕事と家庭の調和をとりながら働ける」、「業界の給与水準が高い」、「人材の育成や確保に熱心である」、「利益率が高い」という、いわゆる「個人求心事項」は、軒並み肯定的な回答割合が60％未満と低いが、タイプ間の格差が大きく、「魅力も競争力もある（有魅有競）」のポイントが「魅力も競争力もない（無魅無競）」より2倍以上高くなっている。「優秀な人材が多い」と「グローバル化が進んでいる」は60～70％台であり、「魅力がある」タイプのポイントが「魅力がない」タイプより高いが、2倍までは開いていない。

　以上のように、電機業界に対する肯定的なイメージは、電機業界に魅力を感じるタイプほど高い。その中で、「個人遠心事項」については約80％と高いが、タイプ間の格差はそれほど高くない。一方、「個人求心事項」の肯定的な回答率は60％未満と低いが、タイプ間の格差が相対的に大きく、「魅力がある」タイプが「魅力がない」タイプより約2倍高い。このように、電機業界に対する肯定的なイメージのタイプ間の格差は、どちらかといえば、「個人求心事項」である「雇用が安定している」、「仕事と家庭の調和をとりながら働ける」、「業界の給与水準が高い」、「人材の育成や確保に熱心である」、「利益率が高い」[1]の影響によるものであるといえる。今後、電機業界に対する肯定的なイメージを高めるためには、雇用の安定、仕事と家庭の調和をとりながら働ける職場環境の助成、業界の給与水準の向上、人材の育成や確保への熱心な取組み等個人求心事項の改善を図っていく必要がある。

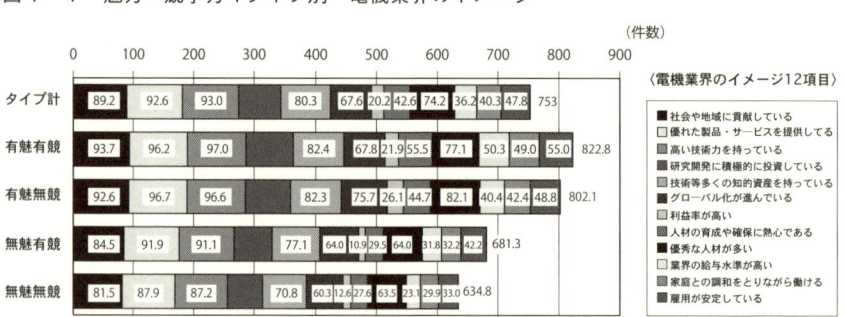

図4-1　魅力・競争力4タイプ別　電機業界のイメージ

第4章　電機産業の魅力要因とその向上課題　69

　電機業界の課題についての回答は、全体的にタイプによって大きな違いは見られない（図4－2）。「電機業界の課題14項目」の中から項目を3つ以内選ぶようにした設問で、20％以上の回答があったのは、「円高など経済変化の影響を受けやすい」（39.2％）、「利益率が低い」（29.2％）、「同業他社との競争が激しい」（27.4％）、「事業のグローバル化への対応が遅い」（24.1％）、「業界的に長時間労働である」（24.1％）、「市場の変化への対応が遅い」（22.7％）、「技術力が弱くなってきている」（20.2％）である。これらの回答を見る限り、若年組合員は、「電機業界が同業他社との激しい競争の中で利益率が低い上、経済変化の影響を受けやすいため、堅実な収益体制を築くことが難しく、グローバル化する市場への対応が遅いという構造的な問題に陥っている」と考えているといえよう。利益率の高い電機業界を構築するためには、激しい競争環境を変えていく必要があると見られる。高い回答率をあげているこれらの項目の中で、比較的にタイプ間の格差が大きいのは「円高など経済変化の影響を受けやすい」であり、「魅力がある」タイプが「魅力がない」タイプより5～9ポイント高い。

　他方、20％未満の回答であったのは、「リストラによる雇用不安が増加している」（15.9％）、「業界の賃金水準が低い」（15.7％）、「設備や研究開発への投資が不十分である」（11.8％）、そして「企業再編が頻繁に起きている」（8.9％）と「海外への異動（転勤）が増加している」（8.9％）であった。その中で、相対的に魅力・競争力4タイプ間で差が見られるのは「業界の賃金水準が低い」と「リストラによる雇用不安が増加している」であるが、前者は、「魅力がない」タイプが高く、後者では、「競争力がない」タイプが高い。競争力のない若年者の約2割前後が雇用不安を感じている。

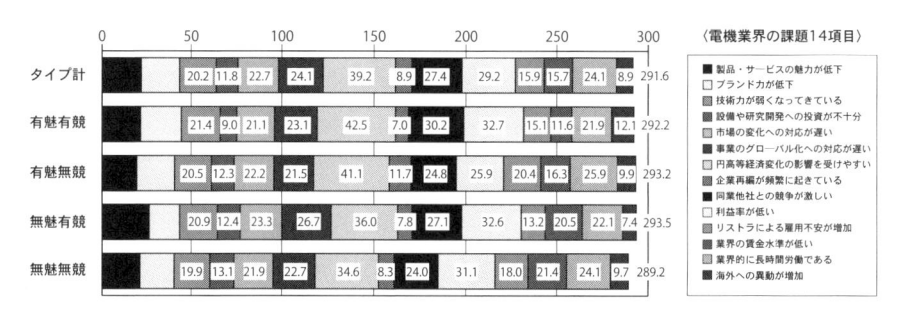

図4－2　魅力・競争力4タイプ別　電機業界の課題

第3節　保有能力と職場管理の実態

　若年組合員が自分の能力についてどのような考え方を持っているのか。「保有能力15項目」についてその保有度合いを回答してもらった。その結果、全体的に見ると、競争力があるタイプほど能力を持っている（「持っている」＋「ある程度持っている」）と回答した割合が高い（図4－3）。保有能力15項目の合計をみると、「魅力がある」タイプの場合、「魅力も競争力もある（有魅有競）」1146.2ポイント、「魅力はあるが競争力がない（有魅無競）」953.2ポイントと「競争力がある」が「競争力がない」より193ポイント高い。また、「魅力がない」タイプの場合でも「魅力はないが競争力がある（無魅有競）」1046.7ポイント、「魅力も競争力もない（無魅無競）」861.9ポイントと、「競争力がある」は「競争力がない」より184.8ポイント高い。

　また、15項目の全ての能力において、「魅力がある」と「魅力がない」を問わず、「競争力がある」が「競争がない」より高いことは特記すべきである。そういう意味で、競争力のある人は、保有能力が認められることで同期入社者に比べて競争力を獲得したのである。

　競争力のないタイプは、競争力の獲得に向け、競争力のあるタイプに大きく差をつけられてる「目標に向かい人や集団を引っぱる力」（リーダーシップ）、「論理的に物事を分析・構築する力」（論理力）、「課題解決のための計画を立案する力」（企画力）、「データや数字をすばやく読み取る力」（解読力）を中心に能力を高めていくことが必要である。また、電機業界に魅力を感じていないタイプが魅力を感じるようになるためには、「自分の感情をコントロールする力」と「やる気を維持する力」を中心に人性を高めていくことが必要である。これらの能力は会社の管理よりも自己管理によって身につけられるものであろう。企業としても競争力のない社員に必要なリーダーシップ、論理力、企画力、そして解読力をつけさせるために一層の支援を行うとともに、個人管理に関わる能力に対してもその改善に向けて必要な支援策を練り直していくことが求められる。

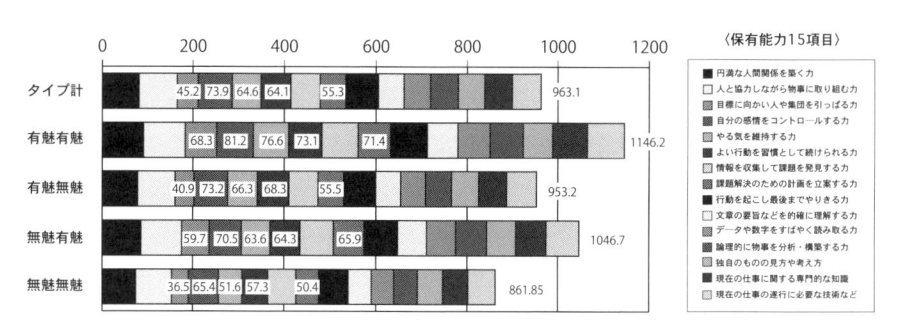

図4－3　魅力・競争力4タイプ別　保有能力の割合

タイプ	数値	合計
タイプ計	45.2 73.9 64.6 64.1 55.3	963.1
有魅有競	68.3 81.2 76.6 73.1 71.4	1146.2
有魅無競	40.9 73.2 66.3 68.3 55.5	953.2
無魅有競	59.7 70.5 63.6 64.3 65.9	1046.7
無魅無競	36.5 65.4 51.6 57.3 50.4	861.85

〈保有能力15項目〉円満な人間関係を築く力／人と協力しながら物事に取り組む力／目標に向かい人や集団を引っぱる力／自分の感情をコントロールする力／やる気を維持する力／よい行動を習慣として続けられる力／情報を収集して課題を発見する力／課題解決のための計画を立案する力／行動を起こし最後までやりきる力／文章の要旨などを的確に理解する力／データや数字をすばやく読み取る力／論理的に物事を分析・構築する力／独自のものの見方や考え方／現在の仕事に関する専門的な知識／現在の仕事の遂行に必要な技術など

　会社の仕事やキャリア開発などの職場管理の実態認識において、魅力・競争力4タイプによりどのような違いが見られるのかを図4－4より見てみたい。職場管理の実態認識については、対照的な2つの考え（例えばＡ：「配置や異動は、会社主導で決定されている」とＢ：「配置や異動は、個人の意思が尊重されている」）のどちらの考えに近いかを回答してもらったが、以降の回答率は、Ａの考え（「Ａの考えに近い」＋「どちらかといえばＡの考えに近い」）と回答した割合である。

　魅力・競争力4タイプで違いがあまり認められないのは、「配置や異動は、会社主導で決定されている」と「社員には、定められたミッションの枠の中での、仕事の遂行が期待されている」であった。「配置や異動は、会社主導で決定されている」と回答した割合が最も高い「魅力も競争力もない（無魅無競）」タイプ（88.1％）と最も低い「魅力も競争力もある（有魅有競）」タイプ（84.7％）の差は3.8ポイントである。また、「配置や異動は、会社主導で決定されている」と「社員には、定められたミッションの枠の中での、仕事の遂行が期待されている」では、「競争力がある」タイプが魅力の有無を問わず他のタイプより低いことが目につく。すなわち、競争力のある人ほど、「配置や異動は、個人の意思が尊重されている」、また、「社員には、定められたミッションの枠を超えて、様々な仕事を行うことが期待されている」と考えている。そういう意味で、彼らは、個人の意思が尊重される形で定められたミッションの枠を超えて仕事を行った結果、競争力を獲得できたといえよう。さらに、自発性の尊重と積極性の発揮が競争力の獲得につながっているのである。企業は、従業員の自発性の尊重と積極性の発揮が出来るような職場管理を行う必要がある。

そのほかの項目のうち、「褒めるマネジメントが主体である」「会社は責任を持って能力開発の機会を社員に提供しようとしている」「個々人のキャリアに関しては、会社が責任を持って開発の支援を行っている」「特定の分野において高度な専門性を持つプロフェッショナルとしてのキャリア育成が重視されている」では、「魅力がある」タイプの回答率が「魅力がない」タイプよりも高いが、前者の3項目では特にそうである。したがって、電機業界にもっと魅力を感じるようにするためには、褒めるマネジメント、会社責任による能力開発機会やキャリア開発の提供が求められる。また、「魅力がある」タイプの場合、すべての項目において、競争力がある人ほど、その回答率が高い。「魅力がない」タイプの場合、このような傾向が見られるのは、「褒めるマネジメントが主体である」、「会社は責任を持って能力開発の機会を社員に提供しようとしている」だけである。「管理職にならないと一定以上の給与を獲得できない処遇制度になっている」という項目では、「魅力も競争力もない（無魅無競）」タイプの回答率が70%台と、そのほかのタイプより高い。

図4-4　魅力・競争力4タイプ別　職場管理の実態

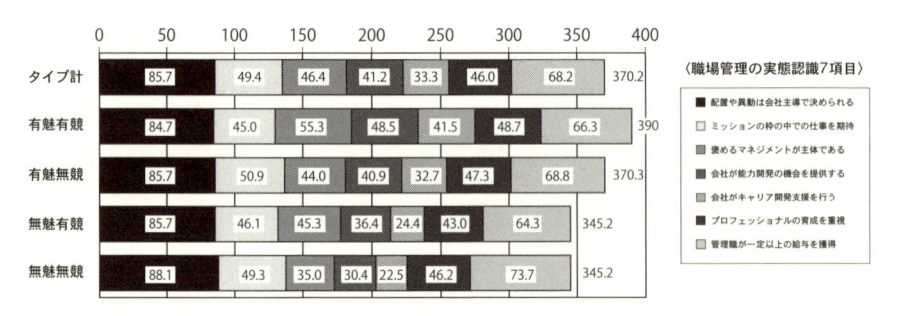

タイプ	配置や異動は会社主導で決められる	ミッションの枠の中での仕事を期待	褒めるマネジメントが主体である	会社が能力開発の機会を提供する	会社がキャリア開発支援を行う	プロフェッショナルの育成を重視	管理職が一定以上の給与を獲得	計
タイプ計	85.7	49.4	46.4	41.2	33.3	46.0	68.2	370.2
有魅有競	84.7	45.0	55.3	48.5	41.5	48.7	66.3	390
有魅無競	85.7	50.9	44.0	40.9	32.7	47.3	68.8	370.3
無魅有競	85.7	46.1	45.3	36.4	24.4	43.0	64.3	345.2
無魅無競	88.1	49.3	35.0	30.4	22.5	46.2	73.7	345.2

第4節　仕事意識・評価と職場の人間関係・コミュニケーション

仕事の意識と評価について見ると、ほぼ全ての項目で「魅力がある」タイプの回答率が「魅力がない」タイプより高く、また、競争力がある人ほど高い（図4-5）。

第4章　電機産業の魅力要因とその向上課題　73

　自分の仕事が「多様な知識・技術が必要な仕事である」と考えているのは、「魅力も競争力もある（有魅有競）」93.2％、「魅力はあるが競争力がない（有魅無競）」89.5％、「魅力はないが競争力がある（無魅有競）」88.4％、「魅力も競争力もない（無魅無競）」82.3％と、電機業界に魅力を感じ、競争力がある人ほどその割合が高くなっている。しかし、タイプ間の差はそれほど開いておらず、回答した割合が最も高い「魅力も競争力もある（有魅有競）」と最も低い「魅力も競争力もない（無魅無競）」との差は10.9ポイントに過ぎない。

　そのほかの仕事の意識と評価について見ると、「魅力がある」タイプの中では、「魅力も競争力もある（有魅有競）」でポイントが高いのは、「一連の仕事を最初から最後まですべて任されている」であり、次いで高いのは「自分のやり方で仕事を進めることができる」「意義や価値の高い仕事である」「結果・成果に対する反響や手応えが明確にある」である。競争力を高めるためには、仕事遂行の権限委任、意義・価値の高い仕事の付与、そして結果・成果の明確化を進めていく必要があると考えられる。また、「魅力がない」タイプにおいても同様の傾向が見られる。「魅力がある」タイプと「魅力がない」タイプ間の差が大きいのは、「結果・成果に対する反響や手応えが明確にある」「意義や価値の高い仕事である」、「自分のやり方で仕事を進めることができる」、「一連の仕事を最初から最後まですべて任されている」の順であるが、電機業界に魅力を感じるようにするためには、これらの仕事の意識と評価を高めていくことが必要であろう。電機業界の魅力を向上するとともに競争力を高めるためには、仕事遂行の権限委任、意義・価値の高い仕事の付与、そして結果・成果の明確化が重要であるといえる。

図4-5　魅力・競争力4タイプ別　仕事の意識と評価

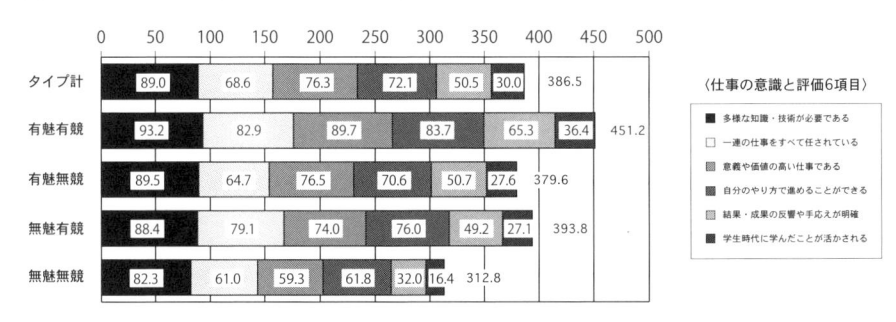

タイプ	多様な知識・技術が必要	一連の仕事をすべて任されている	意義や価値の高い仕事	自分のやり方で進められる	結果・成果の反響や手応えが明確	学生時代に学んだことが活かされる	計
タイプ計	89.0	68.6	76.3	72.1	50.5	30.0	386.5
有魅有競	93.2	82.9	89.7	83.7	65.3	36.4	451.2
有魅無競	89.5	64.7	76.5	70.6	50.7	27.6	379.6
無魅有競	88.4	79.1	74.0	76.0	49.2	27.1	393.8
無魅無競	82.3	61.0	59.3	61.8	32.0	16.4	312.8

最後に、タイプ計の回答率が5割を下回った（30.0％）唯一の項目である「学生時代に学んだことが活かされている」は、そのほかの項目が「魅力がある」タイプが「魅力がない」タイプより高い中、「魅力がある」タイプか「魅力がない」タイプかを問わず、「競争力がない」がそのほかに比べて10ポイント前後の差をつけられている。競争力を高める上で学生時代の勉強が影響していることを示唆するものと考えられる。限定的ではあるものの、学生時代に多くを学び、それが仕事に活かされるのであれば、魅力度の向上と競争力の獲得に役立つ可能性がある。

　魅力・競争力4タイプが職場の人間関係やコミュニケーションとどのような関わりを持っているかについて見ると、全体的に「魅力がある」タイプが「魅力がない」タイプより肯定的な評価（「そう思う」＋「ある程度そう思う」）をしている。また、「魅力がある」タイプの中で「競争力がない」タイプは「競争力がある」タイプに大きな差をつけられていることが目立っている（図4－6）。細かく見ていくと、電機業界に魅力を感じていながらも競争力がない人は、仕事上、上司・部下・同僚のよいコミュニケーションを取らなかったり、職場全体の人間関係が濃密ではなかったりすることが影響しているとみられる。競争力を高めるためには、よいコミュニケーションと人間関係を深めることが求められる。また、企業もそれに資する職場環境の構築に努めていく必要がある。

　電機産業に「魅力がない」と感じているタイプに限ってみると、競争力がある人ほど、その肯定的な回答が上がるものとしては、「上司・部下・同僚とは仕事上のコミュニケーションをよくとっている」（「競争力がある」69.8％＞「競争力がない」58.7％）、「職場全体の人間関係は濃密だと思う」（「競争力がある」48.1％＞「競争力がない」41.9％）、「職場の人たちはお互いの人間関係への関心が高い」（「競争力がある」39.9％＞「競争力がない」33.9％）、「職場では互いの仕事内容や成果への関心が高い」（「競争力がある」35.7％＞「競争力がない」31.3％）であった。このことから、電機業界に魅力を感じていない人でも競争力を高めるためには、仕事上のよいコミュニケーション、職場でのよき人間関係や高い関心を持つことが必要である。そのほか、「職場は互いに助け合う雰囲気である」という項目では、「競争力がない」が「競争力がある」より約5ポイント低い。逆に「上司の指示や意向は絶対である」という風に捉えられている割合は、

「競争力がない」55.1％＞「競争力がある」48.8％と競争力があるほどその回答率が低い。これは、「魅力がある」でも同様の傾向であった。

電機業界の魅力と競争力の向上に向けては、職場のよいコミュニケーションと濃密な人間関係の構築が必要であり、加えて、上司の指示や意向は絶対であるという考え方を弱めていくことが求められる。そのためには自分の考え方をより明確に持つ必要がある。

図４－６　魅力・競争力４タイプ別　職場の人間関係やコミュニケーションの現状に関する評価

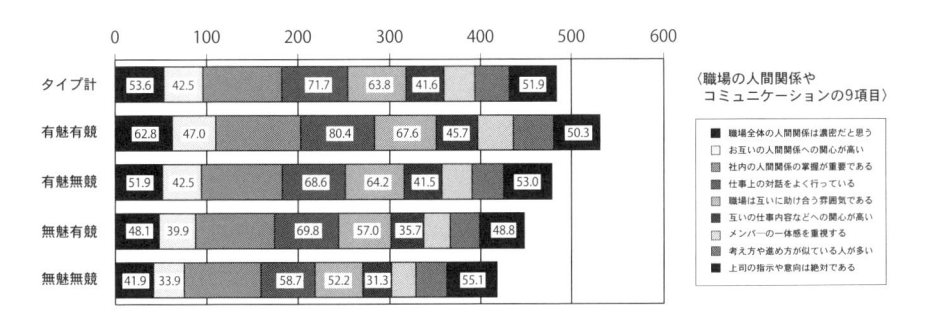

	職場全体の人間関係は濃密だと思う	お互いの人間関係への関心が高い	社内の人間関係の構築が重要である	仕事上の対話をよく行っている	職場は互いに助け合う雰囲気である	互いの仕事内容などへの関心が高い	メンバーの一体感を重視する	考え方や進め方が似ている人が多い	上司の指示や意向は絶対である
タイプ計	53.6	42.5		71.7	63.8	41.6			51.9
有魅有競	62.8	47.0		80.4	67.6	45.7			50.3
有魅無競	51.9	42.5		68.6	64.2	41.5			53.0
無魅有競	48.1	39.9		69.8	57.0	35.7			48.8
無魅無競	41.9	33.9		58.7	52.2	31.3			55.1

ちなみに、「仕事を通じて成長している」という実感を感じている（「かなりある」＋「ややある」）と回答した割合は、「魅力も競争力もある（有魅有競）」90.7％、「魅力はあるが競争力がない（有魅無競）」69.6％、「魅力はないが競争力がある（無魅有競）」71.3％、「競争力も魅力もない（無魅無競）」52.2％と、「競争力がある」タイプが「競争力がない」タイプより高く、競争力がある人ほど高い。電機業界に対する魅力の向上と競争力の早期獲得を図るためには、自分の成長が実感できる仕事の配分が重要であるとみられる。

第５節　満足度とキャリア志向

魅力・競争力４タイプによって労働条件や仕事、キャリアに対する満足度にどのような特徴が見られるだろうか。全体的に電機業界に魅力を感じるほど満足度が高く、また、魅力の有無を問わず、「競争力がある」タイプは、「競争力がない」

タイプを大きく上回っている（図4－7）。タイプ別満足度の合計ポイントは、「魅力も競争力もある（有魅有競）」583.7ポイント、「魅力はあるが競争力がない（有魅無競）」497.7ポイント、「魅力はないが競争力がある（無魅有競）」460.9ポイント、そして「魅力も競争力もない（無魅無競）」396.4ポイントとなっており、「魅力も競争力もある（有魅有競）」タイプが他のタイプより飛びぬけて高い。このタイプが他のタイプより約10ポイント以上高いのは、「これまでのキャリア」、「職場の人間関係」、「業務内容」、そして「賃金水準」であった。電機業界に魅力を感じていながらも競争力のない人たちが早く競争力を獲得するためには、企業は、満足度の高いキャリアや業務内容を与えるとともに、職場のよい人間関係の構築に努める必要があり、また、電機業界に魅力を感じるようにするためにも同様の努力が求められる。

電機業界に魅力を感じていない「魅力がない」タイプの中で競争力を早く獲得した「魅力はないが競争力がある（無魅有競）」タイプの人たちが魅力を感じるようになるためには、「魅力はあるが競争力がない（有魅無競）」タイプの人たちよりも回答率が低い「教育・研修制度」、「労働時間」、「業務量」、「福利厚生」を中心に満足度を高める取り組みが求められると考える。それに加えて、他のタイプより大きな差をつけられている「魅力も競争力もない（無魅無競）」タイプでは、今後のキャリアの満足度を高めるための施策が必要である。

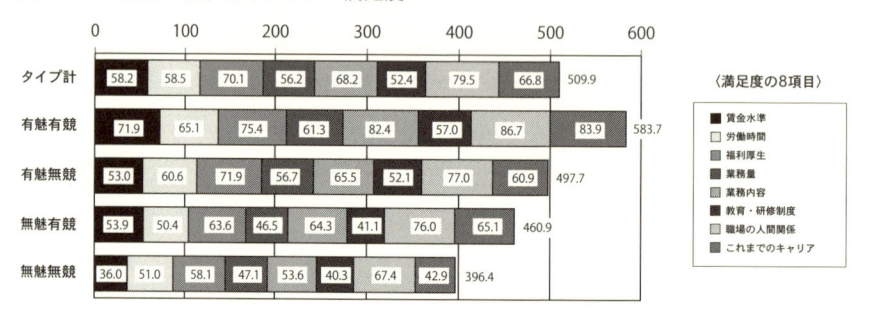

図4－7　魅力・競争力4タイプ　満足度

	賃金水準	労働時間	福利厚生	業務量	業務内容	教育・研修制度	職場の人間関係	これまでのキャリア	計
タイプ計	58.2	58.5	70.1	56.2	68.2	52.4	79.5	66.8	509.9
有魅有競	71.9	65.1	75.4	61.3	82.4	57.0	86.7	83.9	583.7
有魅無競	53.0	60.6	71.9	56.7	65.5	52.1	77.0	60.9	497.7
無魅有競	53.9	50.4	63.6	46.5	64.3	41.1	76.0	65.1	460.9
無魅無競	36.0	51.0	58.1	47.1	53.6	40.3	67.4	42.9	396.4

〈満足度の8項目〉
■賃金水準　□労働時間　▨福利厚生　▨業務量　▨業務内容　■教育・研修制度　□職場の人間関係　■これまでのキャリア

上記の満足度において「魅力がある」タイプが「魅力がない」タイプより高かったが、労働時間が短いからかといえば、賛否両論がありうる。なぜなら、「魅力が

ある」タイプの方が「魅力がない」タイプより月平均所定外労働時間が長いからである（図4－8）。ところが、少し細かく見ていく。「魅力がある」タイプと「魅力がない」タイプのそれぞれのタイプの中では、競争力がある人ほど平均所定外労働時間が長くなっている。これを見る限り、平均所定外労働時間の長いことで満足度が下がるよりも競争力獲得が遅いことが平均所定外労働時間の短いことに影響し、その結果、労働時間の不満足につながったとみられる。他方、競争力のある人ほど仕事が多くなり、その結果、平均所定外労働時間が長くなるともいえる。

図4－8　魅力・競争力4タイプ別　この2～3カ月の月平均所定外労働時間平均値（時間）

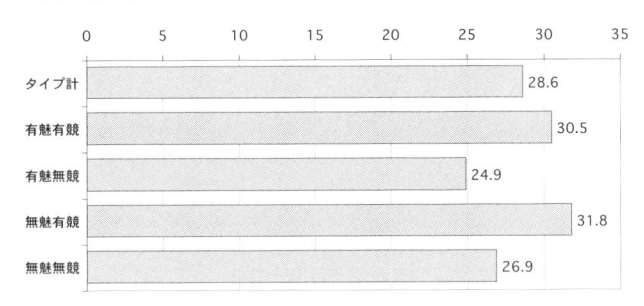

タイプ	平均値
タイプ計	28.6
有魅有競	30.5
有魅無競	24.9
無魅有競	31.8
無魅無競	26.9

　現在の会社に対する総括的な満足度として「現在の会社に入ってよかったと思うか」について聞いて見ると、全体の85.7％が「よかった」か「どちらかといえばよかった」と回答し満足している（図4－9）。魅力・競争力4タイプ別

図4－9　魅力・競争力4タイプ別　現在の会社に入った感想

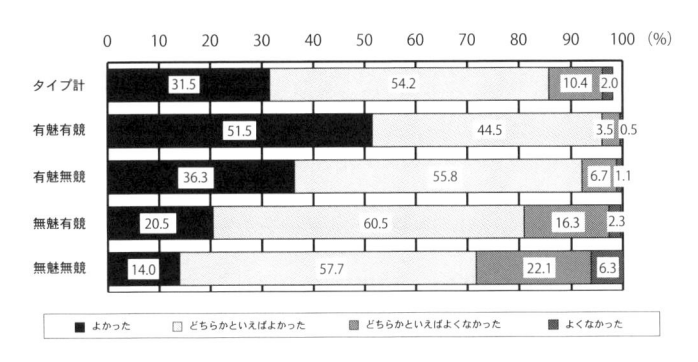

タイプ	よかった	どちらかといえばよかった	どちらかといえばよくなかった	よくなかった
タイプ計	31.5	54.2	10.4	2.0
有魅有競	51.5	44.5	3.5	0.5
有魅無競	36.3	55.8	6.7	1.1
無魅有競	20.5	60.5	16.3	2.3
無魅無競	14.0	57.7	22.1	6.3

にみると、「よかった」の回答率は、「魅力も競争力もある（有魅有競）」(51.5%)＞「魅力はあるが競争力がない（有魅無競）」(36.3%)＞「魅力はないが競争力がある（無魅有競）」(20.5%)＞「魅力も競争力もない（無魅無競）」(14.0%)と、電機業界に魅力を感じるほど、また、競争力があるほどその割合が高かった。逆に「よくなかった」や「どちらかといえばよくなかった」は電機業界に魅力を感じていないほど、また、競争力がないほど、その割合が高い。

将来希望する働き方を魅力・競争力4タイプごとにみると、電機業界に魅力を感じているか否かを問わず、競争力があるほど「組織を束ね、会社・事業の経営を行いたい」という経営者志向が強い（図4－10）。「魅力はあるが競争力がない（有魅無競）」の場合、「特定の領域において、高い専門性を獲得したい」という回答が40.4％にのぼり専門性志向が強く、また、「魅力も競争力もない（無魅無競）」も33.6％と高い水準である。以上のように、競争力があるほど経営者志向、競争力がないほど専門性志向が強い。

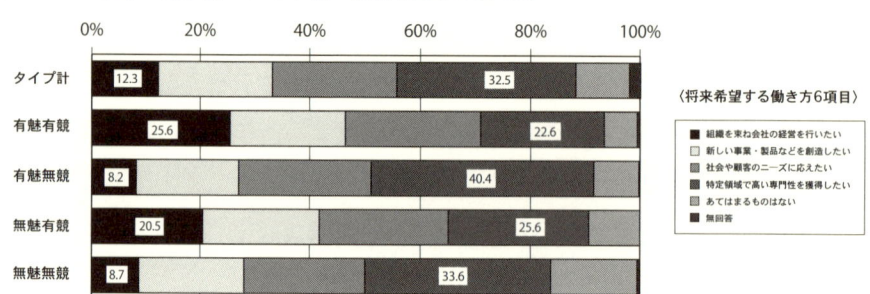

図4－10　魅力・競争力4タイプ別　将来希望する働き方

魅力・競争力4タイプごとに今の会社での就労継続意思について見ると、「定年まで働き続けたい」と回答した割合が「魅力がある」タイプでは45％～49％と「魅力がない」タイプの26％～30％より約20％ポイント高いのが目につく（図4－11）。逆に、「機会があればすぐにでも転職したい」では、「魅力がない」タイプが「魅力がある」タイプより約10％ポイント高い。競争力はあるが、電機産業に魅力を感じていないタイプ（無魅有競）の中で、「機会があればすぐにで

第4章　電機産業の魅力要因とその向上課題　79

も転職したい」や「わからない、あまり考えたことはない」と答えた人々の就労継続意欲を高めていくことが企業の大きな課題であると言える。

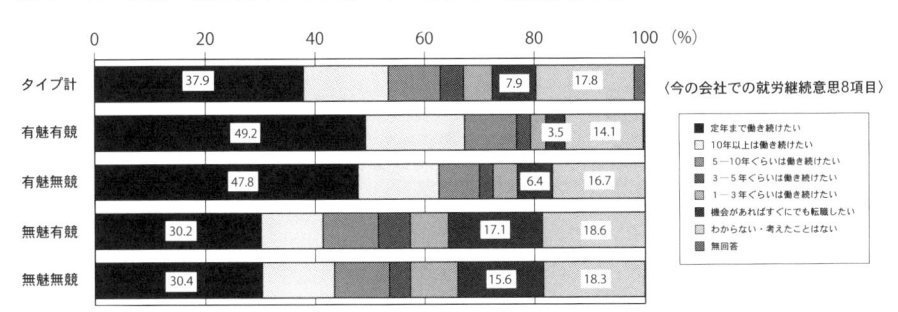

図4−11　魅力・競争力4タイプ別　今の会社での就労継続意思

	定年まで	10年以上	5〜10年	3〜5年	1〜3年	機会があれば	わからない	無回答
タイプ計	37.9					7.9	17.8	
有魅有競	49.2					3.5	14.1	
有魅無競	47.8					6.4	16.7	
無魅有競	30.2					17.1	18.6	
無魅無競	30.4					15.6	18.3	

〈今の会社での就労継続意思8項目〉
■定年まで働き続けたい
□10年以上は働き続けたい
▤5〜10年くらいは働き続けたい
▦3〜5年くらいは働き続けたい
▧1〜3年くらいは働き続けたい
■機会があればすぐにでも転職したい
□わからない・考えたことはない
▨無回答

第6節　就職活動と学校生活 〜採用に関連して〜

　電機産業に魅力を感じ、競争力のある優秀な人材を採用するためのヒントを学生の就職活動や学校生活から得ることにしたい。電機産業の若年組合員が就職活動の際にどのような行動や選択をしたかについて魅力・競争力4タイプごとにその違いを見ることにする。「就職を決めた会社の就職活動当時の志望度」として「当初から第1志望だった」かを聞いて見ると、業界、会社、職種の3領域とも電機業界に魅力を感じるほど、また、競争力があるほどその割合が高くなっている（図4−12）。すなわち、業界、会社、職種の3領域が当初から第1志望だった合計ポイントは、「魅力も競争力もある（有魅有競）」（112.8 ポイント）＞「魅力はあるが競争力がない（有魅無競）」（101.5 ポイント）＞「魅力はないが競争力がある（無魅有競）」（89.9 ポイント）＞「魅力も競争力もない（無魅無競）」（74.5 ポイント）であった。このような全体的な傾向の中でも、「魅力がある」タイプでは、当初から「職種として」第1志望であった割合は競争力があるほど高く、「魅力がない」タイプでは「業界として」および「会社として」第1志望であった割合が競争力があるほど高かった。業界、会社、職種の3領域の中で、当初から第1志望として選択した割合が最も低いのは会社であることが意外であった。電機業界に魅力を感じ、また、競争力のある人を多く採用するためには、

就職活動の際に、当初から第1志望として現在の業界、業種、会社を選択する人を増やし、その志望にそった形で職種割り当てをすることが重要であると言える。

図4－12　魅力・競争力4タイプ別　業界・会社・職種の当初からの第1志望率

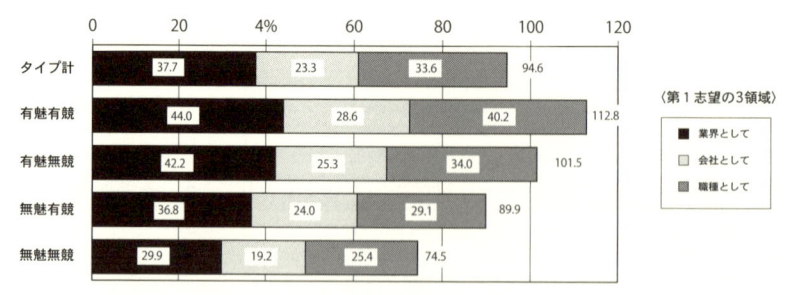

タイプ	業界として	会社として	職種として	計
タイプ計	37.7	23.3	33.6	94.6
有魅有競	44.0	28.6	40.2	112.8
有魅無競	42.2	25.3	34.0	101.5
無魅有競	36.8	24.0	29.1	89.9
無魅無競	29.9	19.2	25.4	74.5

〈第1志望の3領域〉
■ 業界として
□ 会社として
■ 職種として

　魅力・競争力4タイプごとに就職活動の際に、就職した会社、業界、職種に関してどのような活動をしたかを見てみると、図4－13には表れていないが、平均的な競争力といった切り口で見ると「会社説明会に参加した」、「学内で開かれた就職関連イベントに参加した」、「その企業・業界・職種に関する書籍を読んだり、インターネットで調べたりした」、「企業訪問・現場見学をした」、そして「企業で働いている学校のOB・OGの話を聞いた」への参加が多かった。よって、企業が平均的競争力を持った人材を求めるのであれば、会社説明会等の就職活動に積極的に参加する人を中心に採用を行うほうが現実的であろう。なお、就職活動の積極性が競争力がある人材や電機業界への魅力度の高い人材を確保するのに有意義な関連性があるとは見られない（図4－13）。

図4－13　魅力・競争力4タイプ別　就職した会社、業界、職種に関して行った活動

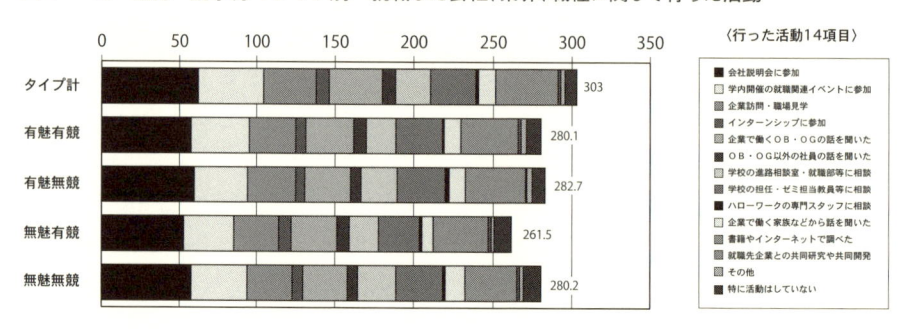

タイプ	合計
タイプ計	303
有魅有競	280.1
有魅無競	282.7
無魅有競	261.5
無魅無競	280.2

〈行った活動14項目〉
■ 会社説明会に参加
□ 学内開催の就職関連イベントに参加
■ 企業訪問・現場見学
□ インターンシップに参加
■ 企業で働くOB・OGの話を聞いた
■ OB・OG以外の社員の話を聞いた
■ 学校の進路相談室・就職部等に相談
■ 学校の担任・ゼミ担当教員等に相談
■ ハローワークの専門スタッフに相談
□ 企業で働く家族などから話を聞いた
■ 書籍やインターネットで調べた
■ 就職先企業との共同研究や共同開発
■ その他
□ 特に活動はしていない

第4章　電機産業の魅力要因とその向上課題　81

　また、魅力・競争力4タイプによって就職先を選ぶ際に影響を与えた人にどのような特徴があるのかを探ってみると、顕著なものは見当たらない（図4－14）。「魅力がある」タイプが「魅力がない」タイプより多いのは、「企業の採用担当者・人事担当者」、「母親」である。また、「とくに影響を与えた人はいない」では「魅力がある」タイプが「魅力がない」タイプより少なく、全体として様々な人に影響されて電機産業に入った者が電機産界に魅力を感じているといえる。就職活動中、会社を選ぶ際に業種、企業規模、知名度等の中で何を重視したかについて魅力・競争力4タイプとの間にどのような関連性があるのかについて見ると、目立った特徴は見当たらない（図4－15）。一方、「魅力も競争力もない（無魅無競）」で回答率が他のタイプより高かったのは「勤務地」であった。

図4－14　魅力・競争力4タイプ別　就職先を選ぶ際に影響を与えた人

タイプ	値
タイプ計	182.4
有魅有競	184.5
有魅無競	177.5
無魅有競	162.6
無魅無競	171.3

〈影響を与えた人16項目〉
■学校の進路相談室・就職部等の職員
□学校の担任・ゼミ担当教員等
ゼミや研究室の先輩・OB・OG
友人・知人
父親
母親
配偶者・恋人
きょうだい
親戚
企業の経営者
企業の採用担当者・人事担当者
企業で働いている学校のOB・OG
学校のOB・OG以外の社員
ハローワークの専門スタッフ
その他
■とくに影響を与えた人はいない

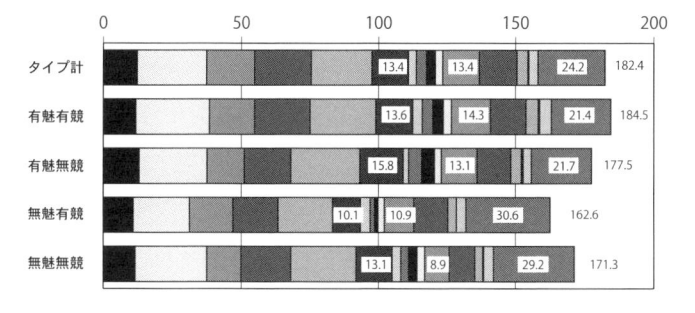

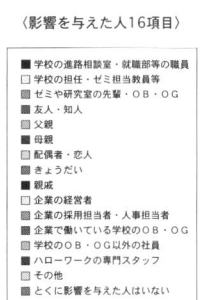

図4－15　魅力・競争力4タイプ別　就職活動の中で会社を選ぶ際の重視項目

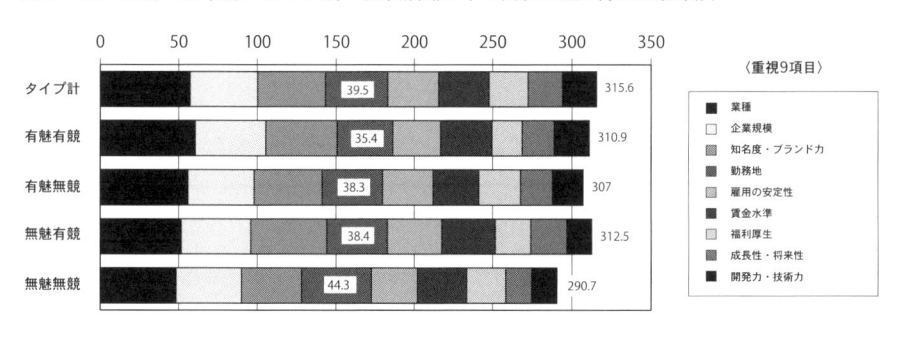

タイプ	値
タイプ計	315.6
有魅有競	310.9
有魅無競	307
無魅有競	312.5
無魅無競	290.7

〈重視9項目〉
■業種
□企業規模
知名度・ブランド力
勤務地
雇用の安定性
■賃金水準
福利厚生
成長性・将来性
■開発力・技術力

大学、短大在学中にある程度または積極的に取り組んだ、あるいは、参加した「専攻・専門科目の学習活動」、「部活動・サークル」、「アルバイト」、そして「海外留学・海外語学研修」について見ると、僅差ではあるが、「魅力がある」と「魅力がない」のタイプの中でおおむね電機業界に魅力を感じるほど、また、競争力があるほどその割合が高い（図4－16）。特に、「魅力がある」タイプでは、競争力があるほど「部活・サークル活動」に積極的に参加した割合が高く、「魅力がない」タイプでは、それに加えて、競争力があるほど「アルバイト」や「海外留学・海外語学研修」に積極的に参加した割合が高い。そして、「魅力がある」タイプが「魅力がない」タイプより大学、短大在学中に「専攻・専門科目の学習活動」に積極的に取り組んだといえる。「魅力はないが競争力がある（無魅有競）」が他のタイプに比べて目立つのは、専攻・専門科目への積極的な取り組みが最も低く、アルバイトへの参加度が最も高いことである。

図4－16　魅力・競争力4タイプ別　大学、短大在学中に積極的に取り組む・参加した割合

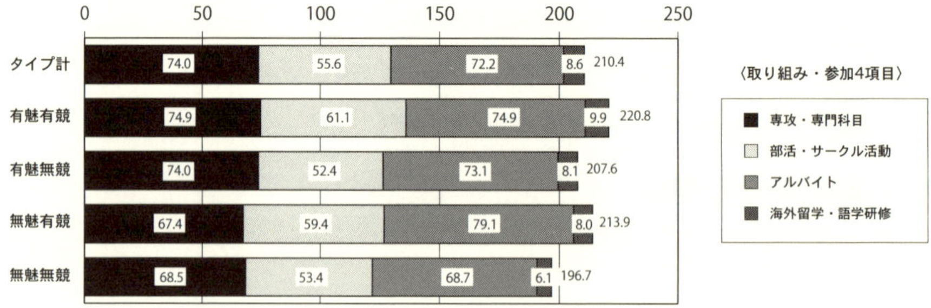

	専攻・専門科目	部活・サークル活動	アルバイト	海外留学・語学研修	計
タイプ計	74.0	55.6	72.2	8.6	210.4
有魅有競	74.9	61.1	74.9	9.9	220.8
有魅無競	74.0	52.4	73.1	8.1	207.6
無魅有競	67.4	59.4	79.1	8.0	213.9
無魅無競	68.5	53.4	68.7	6.1	196.7

〈取り組み・参加4項目〉

大学・短大に進学した人が、当初希望した通りの大学・短大、学部、学科に入ったかを魅力・競争力4タイプ別にみると、わずかではあるが、「魅力も競争力もある（有魅有競）」タイプが他のタイプより大学、学部、学科の3つの領域で高く、また、「魅力がある」タイプが「学科」と「学部」で「魅力がない」タイプより高い（図4－17）。また、「魅力がある」タイプの中では、当初希望した大学・短大や学科に入った方が競争力があり、「魅力がない」タイプでは、「学部」や「学科」が希望通りであればあるほど、競争力があると言える。

図4-17 魅力・競争力4タイプ別 進学先と当初の希望について＜希望通りだった＞

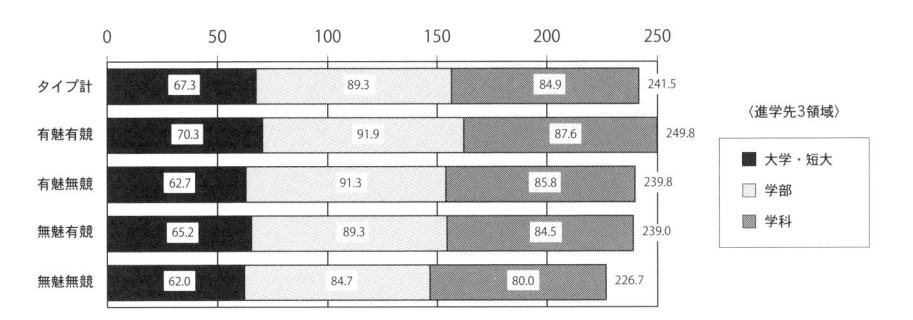

	大学・短大	学部	学科	計
タイプ計	67.3	89.3	84.9	241.5
有魅有競	70.3	91.9	87.6	249.8
有魅無競	62.7	91.3	85.8	239.8
無魅有競	65.2	89.3	84.5	239.0
無魅無競	62.0	84.7	80.0	226.7

〈進学先3領域〉
■ 大学・短大
□ 学部
▨ 学科

また、進学した大学・短大の学科の内容やカリキュラムに興味を持てた割合は、「魅力がある」タイプが「魅力がない」タイプより高い（図4－18）。また、図4－18には表れていないが、平均的な昇進・昇格や電機業界に魅力を感じる人を採用しようとすれば、大学・短大の学科の内容やカリキュラムに興味を持つ人を積極的に採用した方がいいことが見えてきた。

図4-18 魅力・競争力4タイプ別 進学した学科の内容やカリキュラムに興味が持てた

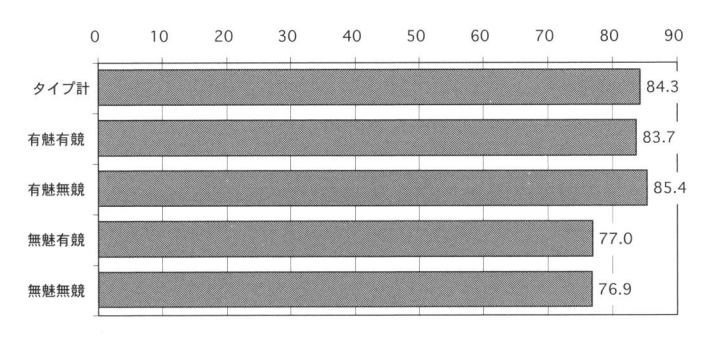

	%
タイプ計	84.3
有魅有競	83.7
有魅無競	85.4
無魅有競	77.0
無魅無競	76.9

小・中学生のころ持っていた興味・関心が現在の電機業界への魅力や競争力にどの程度影響しているのかを確かめるために、魅力・競争力4タイプごとに小・中学生のころに興味・関心をもった事柄を分析した。その結果、全般的に「競争力がある」タイプと「競争力がない」タイプともに、競争力があるほど小・中学

生のころに興味・関心があった事柄が多かった（図4－19）。その傾向が比較的に多く現れているのが、「運動やスポーツ」、「テレビゲーム、携帯型ゲーム」、「数学の計算」であった。なお、小・中学生のころもっていた興味・関心と電機業界に魅力を感じているかどうかとの間には意味のある関連性が見当たらない。

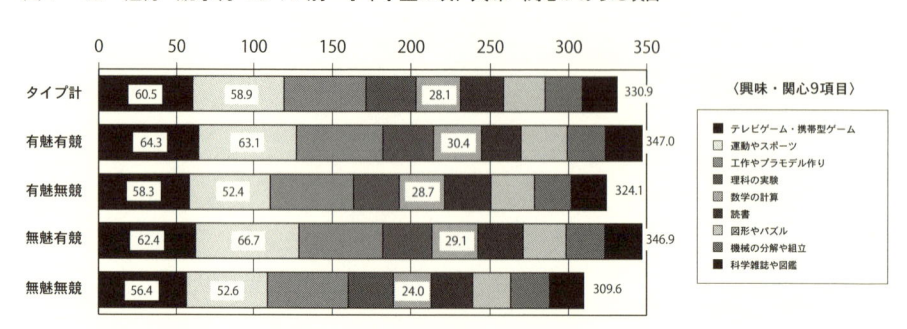

図4－19　魅力・競争力4タイプ別　小中学生の頃、興味・関心があった項目

タイプ	テレビゲーム・携帯型ゲーム	運動やスポーツ	数学の計算	計
タイプ計	60.5	58.9	28.1	330.9
有魅有競	64.3	63.1	30.4	347.0
有魅無競	58.3	52.4	28.7	324.1
無魅有競	62.4	66.7	29.1	346.9
無魅無競	56.4	52.6	24.0	309.6

〈興味・関心9項目〉
■ テレビゲーム・携帯型ゲーム
□ 運動やスポーツ
□ 工作やプラモデル作り
■ 理科の実験
■ 数学の計算
■ 読書
□ 図形やパズル
■ 機械の分解や組立
■ 科学雑誌や図鑑

第7節　まとめ：電機産業の魅力・競争力の向上に向けて

本稿では、「若年層組合員に関するアンケート調査」に基づいて電機産業の魅力、競争力の向上に向けてどのような実態と課題があるかについて考察した。その際、電機産業への魅力の有無と、競争力があるか否かを基準に4つのタイプに分けて電機産業のイメージ・課題、職場生活、就職活動等の項目にクロス集計を行った。その結果に基づいて、今後、電機産業のより一層の魅力と競争力の向上に向けて必要な課題を述べることにする。

1. 魅力向上に向けて

第1に、電機産業に魅力を感じていない「魅力がない」タイプが「魅力がある」タイプより低い電機産業のイメージは「雇用が安定している」、「仕事と家庭の調和をとりながら働ける」、「業界の給与水準が高い」、「人材の育成や確保に熱心である」、「利益率が高い」の「個人求心事項」であった。今後、電機産業に対する肯定的なイメージを高めるためには、雇用の安定、仕事と家庭の調和をとりなが

ら働ける職場環境の整備、業界の給与水準の向上、人材の育成や確保への熱心な取組み等「個人求心事項」の改善を図っていくことが課題である。職場管理においては、褒めるマネジメント、会社責任による能力開発機会やキャリア開発の提供が求められる。

　第2に、若年組合員が直接電機産業の課題として指摘したのは、「円高など経済変化への影響を受けやすい」、「利益率が低い」、「同業他社との競争が激しい」、「事業のグローバル化への対応が遅い」、「業界的に長時間労働である」、「市場の変化への対応が遅い」、「技術力が弱くなってきている」である。これらの回答内容をみる限り、若年組合員は、電機産業は同業他社との激しい競争の中で利益率が低い上、経済変化の影響を受けやすい産業であるため堅実な収益体制を築くことが難しくグローバル化する市場への対応が遅いという構造的な問題に陥っていると考えているといえよう。利益率の高い電機産業を構築するためには、激しい競争環境を変えていく必要があるとみられる。この課題は、個別企業の枠を超えて日本の電機産業全体に関わるものである。

　第3に、競争力はあるが電機産業に魅力を感じないタイプ（無魅有競）が、電機産業に一層の魅力を感じるためには、「自分の感情をコントロールする力」、「やる気を維持する力」、「良い行動を習慣として続けられる力」をつけていくことも求められるが、それは会社の管理よりも自己管理によって身につけられるものであろう。

　第4に、仕事の意識・評価においては、「魅力がある」タイプと「魅力がない」タイプ間の差が大きいのは、「結果・成果に対する反響や手応えが明確にある」、「意義や価値の高い仕事である」、「自分のやり方で仕事を進めることができる」、「一連の仕事を最初から最後まですべて任されている」であったが、電機産業に魅力を感じるようにするためには、仕事遂行の権限委任、意義・価値の高い仕事の付与、そして結果・成果の明確化が重要である。

　第5に、職場の雰囲気やコミュニケーションにおいて、魅力の向上に資するのは、職場の人間関係の濃密化、仕事上の対話の円滑化、職場での助け合い雰囲気の向上、考え方や仕事の進め方の同質化である。

　第6に、「魅力がない」タイプは「魅力がある」タイプより「賃金水準」、「業務内容」、「職場の人間関係」、「これまでのキャリア」で満足度が低いが、特に低

い「教育・研修制度」、「労働時間」、「業務量」、「福利厚生」を中心に満足度を高めて魅力の向上に取り組んでいく必要がある。

第7に、定年まで働き続けたいと思う割合は、「魅力がある」タイプが約50％に対して「魅力がない」タイプは約30％と両者には大きな開きがある。上記した課題の解決を通じて、勤続意識の向上を図っていくことが魅力向上に欠かせない。

第8に、就職前の就職活動、学生生活、小・中学生時代の関心等は電機産業への魅力とはそれほど関係が見られなかった。

2. 競争力のある人材育成・採用に向けて

競争力のある人材の育成に必要な課題を探ってみたい[2]。まず、第1に、電機産業への魅力の有無とは関係なく、競争力のある人ほど、業務遂行、対人関係等の15項目において能力が高くなっている。そういう意味で、保有能力が公正に評価されているといえよう。競争力のないタイプが競争力を高めるには主にリーダーシップ、論理力、企画力、そして解読力を身につけていくことが求められる。企業もこれらの能力・知識等の向上に一層の支援を講じていく必要がある。

第2に、職場管理においては、個人の意思が尊重される形で配置や異動が行われ、定められたミッションの枠を超えて様々な仕事を行うことが出来るといった自発性の尊重と積極性の発揮が図られる管理が求められる。また、褒めるマネジメント、能力開発とキャリア開発への会社の一層の支援が必要である。と同時に、仕事遂行に関連しては、仕事遂行や進め方における権限委任、意義・価値の高い仕事や多様な知識・技術の必要な仕事の付与、結果・成果の明確化、さらには学生時代の学習内容の活用を進めていく必要があるとみられる。

第3に、職場環境やコミュニケーションにおいては、コミュニケーションの円滑化と人間関係の濃密化、それに加えて上司の指示・意向の相対化を図ることが求められる。

一方、採用において、競争力のある人材をどう確保することが出来るかについてみてみる。まず、第1に、就職を決めた会社の就職活動当時、業界、会社、職種の3つの領域において「当初から第1志望」の者、また、当初の希望通り学部や学科に入った者を採用することが必要である。

第2に、競争力において平均的な人材を採用しようとする場合、会社説明会等の就職活動に積極的に参加する人を中心に採用を行うほうが現実的であろう。

　第3に、大学・短大在学中、「専攻・専門科目の学習活動」、「部活動・サークル」、「アルバイト」、そして「海外留学・海外語学研修」に積極的に参加・取組みをした学生を採用することが多少とも競争力のある人材の採用につながる。

　第4に、小・中学生のころ、「運動やスポーツ」、「テレビゲーム・携帯型ゲーム」、「数学の計算」を中心に関心の高かった人が競争力のある人材につながる可能性がある。

　しかし、就職活動や学生生活、小・中学生時代の関心等、入社前の活動等は競争力や電機産業への魅力にそれほど影響を及ぼさなかった。したがって、電機産業の魅力と競争力の向上に向けては、入社後の能力開発・管理、キャリア支援、職場の人間関係やコミュケーションの円滑化、職場管理の改善等が求められる。

　以上、電機産業の魅力・競争力の向上に向けて必要な課題を示したが、その課題の解決を図っていくためには、企業だけではなく労働組合、そして労働者本人の正確な現状認識と共有、そして努力が求められる。三者の取組みにより、電機産業の一層の魅力と競争力の向上が図られることを期待する。

【注】
(1)　「利益率が高い」は、一般的に個人とのかかわりが薄い項目といえるが、それによって個人の雇用や給与等に影響するものであるということから、本稿では「個人求心事項」とみなした。
(2)　昇進・昇格は、相対的であるが、昇進・昇格の早い人の能力、職場環境等を他の人に適用し、より高レベルに上げることが全労働者の能力向上にもつながり、電機産業が一層競争力のある産業になると考える。

第5章　若手理系人材の「成長の危機」
～ 事業創造人材の輩出に向けて、組織・仕事の再編を ～

株式会社リクルートホールディングス
リクルートワークス研究所　主幹研究員　豊田義博

第1節　問題意識

　2012年に幾度となく報道された大手家電、半導体各社の経営状況に関するニュースは、日本の電機メーカーが置かれている状況をまざまざと感じさせるものであった。テレビ、DRAMなど、韓国・台湾メーカーの後塵を拝する状況を続けてきたかつての主力事業は行き詰まりの様相を呈し、この市場からの撤退を視野に入れるべきである、との指摘もなされる状況である。

　これらは、極端な例かもしれない。堅調に業績を伸ばしている事業領域や企業も一部にはある。しかし、かつてグローバル市場を席巻し、日本を代表する産業であったかつての電機業界の姿は、今はない。

　そして、その状況を映し出すように、若手理系人材のワークモチベーションは揺れている。グローバル化にさらされ、事業環境が激変していく中で、自身が身につけてきた専門性は陳腐化リスクにさらされている。基幹事業で築きあげてきた専門性、キャリアが、事業の低迷から価値消失を起こし、転職しようにも他社、他業界では使い物にならないという例は引きも切らず、コストダウンばかりが求められ、新たな知識・技術を獲得・発揮する機会は減り、業界再編、事業の縮小、撤退などにより自身の担当技術領域が、社内はおろか、国内からも消失してしまうことも珍しくない。自身のキャリアを、どのように積み重ねていけばいいのか、将来の展望が見えない時代だといえる。

　慶應義塾大学SFC研究所キャリア・リソース・ラボとリクルートワークス研究所が共同主催した「21世紀のキャリアを考える研究会」でも、総合電機メーカー

3社の理系人材のべ40名ほどのインタビューを行ったが、確かな効力感を持って仕事に臨んでいる人は少数に限られていた。

この現状を、各社の中核を支えるミドルマネジャーは、どのように捉えているのだろうか。研究や開発・設計などの技術の現場を統率し、若手理系人材を部下として抱えるミドルマネジャーは、彼ら若手の現状をどのように捉え、どのように育成していこうと考えているのだろうか。

本稿では、研究、開発・設計、ＳＥ部門のミドルマネジャーに向けて実施した「上司アンケート調査」の分析を通して、電機メーカーの技術の現場の実態や課題を明らかにし、理系人材活性化に向けての展望を提示したい。

第２節　現状の俯瞰・論点の抽出

１．ミドルマネジャーは、業界の現状をどのように認識しているか

調査は、電機連合直加盟組合（一括加盟構成組合を含む）の企業において、研究、開発・設計、ＳＥ部門に在籍し、20代の部下がいる部長・課長相当職を対象に、2011年10〜12月に実施された。配布枚数は1,815枚、回収は1,399枚、回収率は77.1％であった（表5−1）。

表5−1　類型別の属性

	性別 男性	性別 女性	年齢 39歳以下	年齢 40-44歳	年齢 45-49歳	年齢 50-54歳	年齢 55歳以上	役職 課長相当職	役職 次長相当職	役職 部長相当職	件数
総計	98.1	1.7	7.8	33.6	36.2	18.9	3.2	77.4	1.9	17.5	1399
研究部門	97.5	2.5	10.6	31.3	27.5	28.8	1.3	68.1	2.5	26.9	160
開発・設計部門	99.0	0.9	6.6	34.4	38.1	17.5	3.2	80.2	2.1	15.1	970
ＳＥ部門	95.8	4.2	11.4	30.4	35.4	18.1	4.6	73.4	0.8	22.8	237

まず、彼らミドルマネジャーが、電機業界に対して抱いている認識やイメージについてみていこう（図5−1）。技術、製品、人材については、
　「高い技術力を持っている……91.8％（そう思う47.3＋ある程度44.5）」
　「優れた製品・サービスを提供している……91.2％（そう思う40.0＋ある程度51.2）」
　「優秀な人材が多い……79.0％（そう思う12.3＋ある程度66.7）」

「技術や特許等、多くの知的資産を持っている……75.8％（そう思う20.7＋ある程度55.1）」

と、総じて高いイメージを抱いている結果であった。

また、懸案とされるグローバル化についても、

「グローバル化が進んでいる……72.3％（そう思う33.5＋ある程度38.8）」

と、肯定的な回答結果であった。

一方で、

「人材の育成や確保に熱心である……45.7％（そう思う3.7＋ある程度42.0）」

「家族との調和をとりながら働ける……36.4％（そう思う2.4＋ある程度34.0）」

「利益率が高い……9.8％（そう思う0.9＋ある程度8.9）」

と、否定的なイメージが先行する項目も、少なくない。良質な資産（技術、人材）を持ち、世界に向けて行動していながら、資産は活かされておらず、業績の低迷を招いているという認識が、この結果からは浮かび上がってくる。

図5-1　日本の「電機業界」に対するイメージ

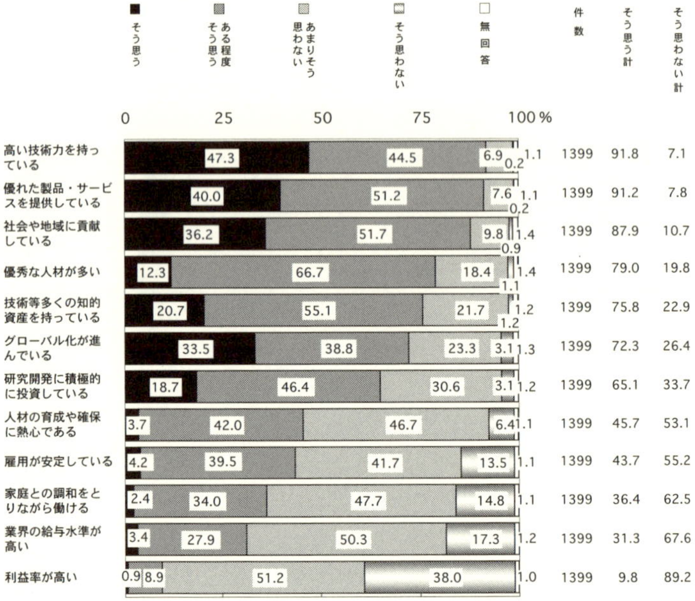

項目	そう思う	ある程度そう思う	あまりそう思わない	そう思わない	無回答	件数	そう思う計	そう思わない計
高い技術力を持っている	47.3	44.5	6.9	0.2	1.1	1399	91.8	7.1
優れた製品・サービスを提供している	40.0	51.2	7.6	0.2	1.1	1399	91.2	7.8
社会や地域に貢献している	36.2	51.7	9.8	0.9	1.4	1399	87.9	10.7
優秀な人材が多い	12.3	66.7	18.4	1.1	1.4	1399	79.0	19.8
技術等多くの知的資産を持っている	20.7	55.1	21.7	1.2	1.2	1399	75.8	22.9
グローバル化が進んでいる	33.5	38.8	23.3	3.1	1.3	1399	72.3	26.4
研究開発に積極的に投資している	18.7	46.4	30.6	3.1	1.2	1399	65.1	33.7
人材の育成や確保に熱心である	3.7	42.0	46.7	6.4	1.1	1399	45.7	53.1
雇用が安定している	4.2	39.5	41.7	13.5	1.1	1399	43.7	55.2
家庭との調和をとりながら働ける	2.4	34.0	47.7	14.8	1.1	1399	36.4	62.5
業界の給与水準が高い	3.4	27.9	50.3	17.3	1.2	1399	31.3	67.6
利益率が高い	0.9	8.9	51.2	38.0	1.0	1399	9.8	89.2

電機業界が抱える課題をどのように捉えているのかも、見てみよう（図5－2）。課題として上位に挙がったのは、

　　「円高等経済変化の影響を受けやすい……37.4％」
　　「利益率が低い……32.6％」
　　「同業他社との競争が激しい……29.3％」
　　「市場の変化への対応が遅い……25.2％」
　　「製品・サービスの魅力が低下……24.8％」

であった。厳しい競争環境の中で、変化に立ち遅れ、業績を落としているという認識が、ここからは見て取れる。

図5－2　日本の「電機業界」における課題（3つ以内選択）

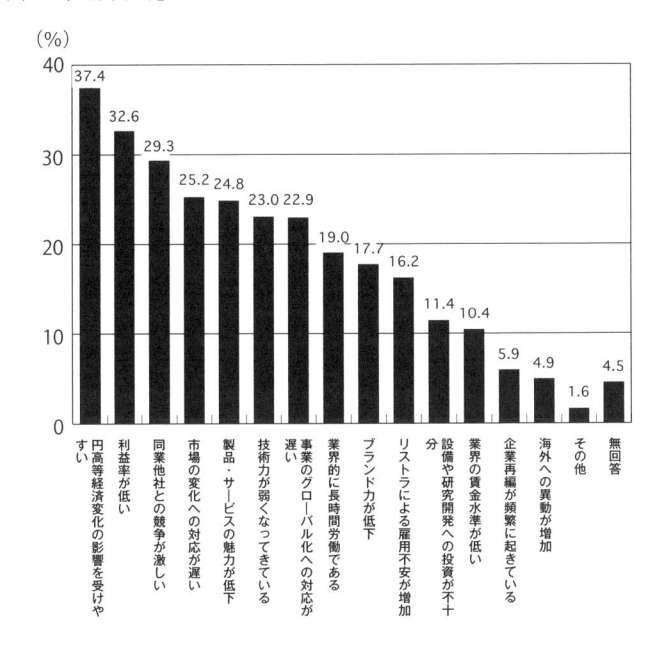

項目	％
円高等経済変化の影響を受けやすい	37.4
利益率が低い	32.6
同業他社との競争が激しい	29.3
市場の変化への対応が遅い	25.2
製品・サービスの魅力が低下	24.8
技術力が弱くなってきている	23.0
事業のグローバル化への対応が遅い	22.9
業界的に長時間労働である	19.0
ブランド力が低下	17.7
リストラによる雇用不安が増加	16.2
設備や研究開発への投資が不十分	11.4
業界の賃金水準が低い	10.4
企業再編が頻繁に起きている	5.9
海外への異動が増加	4.9
その他	1.6
無回答	4.5

2．ミドルマネジャーは、若手理系人材の現状をどう見ているか

　業界の現状に対するこうした厳しい認識がある一方で、若手理系人材に対するミドルマネジャーの評価は、総じて高いものになっている。若手理系人材の仕事に対する姿勢については、「かなり期待に沿っている」と高く評価する意向は

10.9％にとどまるものの、「ある程度期待に沿っている（75.6％）」とあわせると、ミドルマネジャーの86.5％が、若手の姿勢に前向きな評定を下している。

期待に沿っていないと回答した13.6％のミドルマネジャーが若手理系人材に抱いているイメージに関するフリーコメントからは、

「受け身であり、自ら考えて行動するといった主体性が欠如している」

「責任感が欠如している」

「論理性、段取り力が欠如している」

「目的を深く考えたりせず、わかった気になって進めている」

「失敗を嫌う」

「権利を主張する」

という傾向が伺える。また、「ある程度期待に沿っている」と回答した上司の中にも、そうした特徴を感じている人は少なくないと考えられる。これらは、理系人材に限らず、最近の若手社員に共通する傾向だが、そうした姿勢や行動が、担当業務の推進、完遂に支障をきたしているケースはさほど多くはないと捉えられている。

若手理系人材の働き方についても、評価は高い。「かなり活き活きと働いている」は、8.6％だが、「ある程度活き活きと働いている（76.4％）」とあわせ、ミドルマネジャーの85.0％が、若手理系人材は活き活きと働いている、と回答している。活き活きとしていないと回答した14.9％のミドルマネジャーのコメントからは、

「業務が多く忙しい」

「やらされ仕事になっていて、受け身で仕事をしている」

「製品開発などのごく一部分の担当であり、全体が見えない」

「事業・キャリア展望の閉塞感」

といった傾向が浮かび上がってくる。また、「ある程度活き活きとしている」と回答した上司の中にも、そうした特徴を感じている人は少なくないと考えられるが、それでも、そうした特徴が取り組み姿勢にネガティブな影響を与えているのは、ごく一部だと認識されているようだ。

多くのミドルマネジャーは、市場への対応、労働環境、人材育成や利益率など、組織全体の現状や展望に対しては、悲観的、否定的な認識を持ちながら、自身の配下のメンバーたちの現状については、肯定的に捉えている。問題の在り処は、自

身および自身の配下のメンバーのパフォーマンスとは別である、という見立てが浮かび上がる。果たしてそうなのだろうか。若手理系人材は、本当に活き活きと活躍しているのだろうか。問題は、ここにはないのだろうか。電機メーカーが生み出すものは、すべて理系人材に負っているといっても過言ではない。その彼らに、特段の問題がなく、企業や産業が低迷する、ということが、果たしてあり得るのだろうか。

3．若手理系人材は、自身の状態をどう捉えているか

　若手理系人材自身の心の内を覗いてみよう。彼らは、自身の置かれている状況を、どのように捉えているのだろうか。彼らの仕事の実態は、意欲を高め、成果を出せるものになっているのだろうか。「若年層組合員に関するアンケート調査」の回答者のうち、研究、開発・設計、ＳＥ職に携わる大卒以上の学歴の対象者2,980名を抽出し、以下の五つの設問に対する回答を見ると、「そう思う」「ある程度そう思う」と回答した人の割合は、

　　「多様な知識・技術が必要な仕事である……93.9％」
　　「一連の仕事を最初から最後まですべて任されている……68.8％」
　　「意義や価値の高い仕事である……79.1％」
　　「自分のやり方で仕事を進めることができる……72.8％」
　　「結果・成果に対する反響や手応えが明確にある……52.8％」

という結果となった（図5−3）。

図5−3　仕事の現状

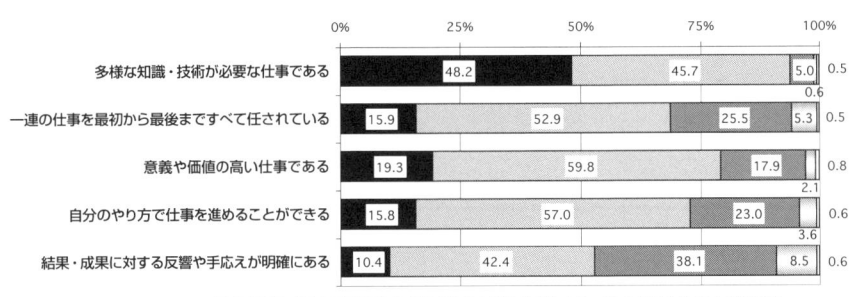

項目	そう思う	ある程度そう思う	あまりそう思わない	そう思わない	無回答
多様な知識・技術が必要な仕事である	48.2	45.7	5.0	0.6	0.5
一連の仕事を最初から最後まですべて任されている	15.9	52.9	25.5	5.3	0.5
意義や価値の高い仕事である	19.3	59.8	17.9	2.1	0.8
自分のやり方で仕事を進めることができる	15.8	57.0	23.0	3.6	0.6
結果・成果に対する反響や手応えが明確にある	10.4	42.4	38.1	8.5	0.6

多様な知識・技術が必要である難易度の高い仕事を担当している、という認識は強い。また、仕事の意義・価値についても高く感じている。また、仕事のまとまり、進め方ともにある程度の裁量は与えられている。しかし、手ごたえについては半数近くの人が不明確である、と回答している。

図5－4は、この結果を、年齢階級別に表したものだ。

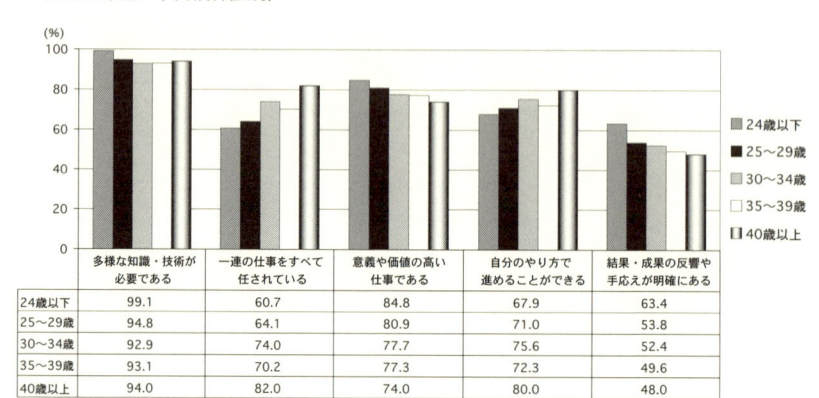

図5－4　仕事の現状（年齢階級別）

	多様な知識・技術が必要である	一連の仕事をすべて任されている	意義や価値の高い仕事である	自分のやり方で進めることができる	結果・成果の反響や手応えが明確にある
24歳以下	99.1	60.7	84.8	67.9	63.4
25～29歳	94.8	64.1	80.9	71.0	53.8
30～34歳	92.9	74.0	77.7	75.6	52.4
35～39歳	93.1	70.2	77.3	72.3	49.6
40歳以上	94.0	82.0	74.0	80.0	48.0

「結果・成果の反響や手ごたえが明確である」の年齢別の変化に着目したい。年齢が上昇するとともに、このスコアは下がっている。本来的には、経験を重ねるとともに、任される領域が広がり、自身が形にした仕事の手ごたえは、より明確に感じられるようになるはずであろう。しかし、結果は逆行している。

4．揺れる若手理系人材のモチベーション

この5つの質問は、モチベーション理論の職務特性モデル（ハックマン・オルダム・モデル）の枠組みに沿って作られたものだ。この理論では、以下の5つの要素がモチベーションを高めるとされている。

①　技能多様性＝職務遂行に必要な技能のバラエティ
②　タスク完結性＝業務全体への関与度

③ タスク重要性＝職務の意義・価値の認識
④ 自律性＝職務遂行の自己裁量度
⑤ フィードバック＝結果・成果の反響

　若手理系人材が担当している仕事には、多様な知識・技術が必要であり、かつ意義価値は感じられている。つまり①技能多様性と③タスク重要性は十分に認識されている。また、一連の仕事を任されているという②タスク完結性、自分のやり方で仕事を進めることができるという④自律性も、7割前後の人が認識している。しかし、⑤フィードバックが得られている人は少ない。自身がなした仕事・成果がどこにどのように活かされ、どのような顧客のもとに届いているのか、ということを、多くの人が認識できず、その比率は、キャリアを重ねるごとに低落している。
　この5つの項目は、みな重要なものだが、位置づけがそれぞれにやや異なる。モデルには以下の式が定義されている。

> 仕事そのものが人を動機づける程度＝
> （技能多様性＋タスク完結性＋タスク重要性）÷3×自律性×フィードバック

　つまり、①＋②＋③、④、⑤のいずれかがゼロだとモチベーションは全く上がらない。高度な知識、技術が必要な仕事だと、意義・価値が感じられる仕事だと、一連の仕事を任されていると、やり方を一任されているとしても、フィードバックが得られなければ、モチベーションはゼロになってしまうのだ。「主体性がない」「責任感がない」「全体が見えていない」とミドルマネジャーが捉えている若手理系人材の心の中を覗くことが出来るとしたら、彼らの意欲の火は消え入りそうになっているに違いない。おまけに、キャリアを重ねるほど、心の火が消えそうな人が増えるというのだ。この実態を見過ごすことはできない。
　また、ミドルマネジャーの見立ては、甘すぎるのではないか、という危惧も浮かび上がる。では、ミドルマネジャーは、なぜ「甘い見立て」をしてしまうのか。以下のような構図になっている、と考えることはできないだろうか。

「ミドルマネジャーの配下のメンバーは、そのミドルマネジャーが想定・要望する仕事には、一定レベル以上で応えている。しかし、それらの仕事を合わせても、全体の業績成果は上がらない。従って若手理系人材は手ごたえを得られない」

つまり、組織・仕事のフォーメーションに問題があるのではないだろうか。個人サイドの視点に置き換えると、若手をはじめとした理系人材のキャリアの積み重ね方、スキル・知識の習得の仕方に問題があるのではないだろうか。

第3節　フリーコメント分析

1．理系人材の人材育成方針から見えてくるもの

この仮説を検証するために、上司アンケート調査の以下の二つの設問に関するフリーコメントの分析を試みた。

> 設問A
> あなたの部署の技術系若手社員（20代）の人材育成にあたり、あなたが今後必要だと考えている仕事経験や教育研修施策を具体的にお書きください。

> 設問B
> あなたの職場が必要としている「グローバル人材」とは、どのような人材をイメージしていますか。具体的にお書きください（職場で「グローバル人材」を「必要としている」「ある程度必要としている」と回答した人への質問）。

設問Aに記述されている内容は、各部署の現在の業務をより最適化させるための方向性を表している。若手理系人材を「期待に応え、活き活きと働いている」と認識しているミドルマネジャーが、彼らがさらに高い期待に応えられる人材になるために必要と認識している仕事経験、学習からは、各部署において求められている人材像と、各部署が現在抱えている構造的課題が浮かび上がる。

設問Bは、現在、電機メーカーだけではなく、日本の主要企業において必要とされ、現在は欠乏しているとされているグローバル人材を、電機メーカー各社は

いかなる人材であると捉えているのかを問うたものだ。日本国内市場の飽和、縮小に対応し、グローバル化をますます進めていくことが求められる中で、企業・事業は、どのような人材を待望しているのかが記述されている。

つまり、設問Aからは、各部署において求められる人材像が、設問Bからは、会社の将来に必要な人材像が抽出される。

もし、筆者の仮説が正しいとすれば、それぞれから導かれる人材像には隔たりがあるはずである。部分最適と全体最適の間に、ずれがあるはずである。

コメント数は、設問Aでは1,081件、設問Bでは898件あり、ひとつひとつの回答内容の中に、多様な意味が含まれていたり、同様の内容を、異なる用語で説明しているものなども散見された。そのため、より科学的に分析を進めるためにテキスト分析ツール[1]を活用した。ワードの意味を精査し、統計的に処理し

表5－2　「人材育成方針」テキスト分析に使用したワード

No	概念化したワード	該当文書数		No	概念化したワード	該当文書数		No	概念化したワード	該当文書数		No	概念化したワード	該当文書数	
1	経験	277	25.6%	42	参加	36	3.3%	83	推進	24	2.2%	124	システム	19	1.8%
2	業務	175	16.2%	43	力	35	3.2%	84	多い	24	2.2%	125	製品開発	19	1.8%
3	技術	151	14.0%	44	理解	35	3.2%	85	直接	24	2.2%	126	若手技術者	18	1.7%
4	研修	151	14.0%	45	社内	35	3.2%	86	技術者	24	2.2%	127	セミナー	18	1.7%
5	顧客	145	13.4%	46	語学力	34	3.2%	87	交渉力	24	2.2%	128	評価	17	1.6%
6	必要	143	13.2%	47	専門	34	3.2%	88	基本	23	2.1%	129	人材	17	1.6%
7	仕事	131	12.1%	48	基盤	34	3.2%	89	知る	23	2.1%	130	事業部	17	1.6%
8	業務経験	119	11.0%	49	受講	33	3.1%	90	外部	23	2.1%	131	専門技術	15	1.4%
9	教育	106	9.8%	50	重要	33	3.1%	91	関連	23	2.1%	132	達成感	12	1.1%
10	開発	101	9.3%	51	交流	33	3.1%	92	特に	23	2.1%	133	専門性	11	1.0%
11	考える	94	8.7%	52	ローテーション	32	3.0%	93	増やす	23	2.1%	134	海外研修	10	0.9%
12	海外	92	8.5%	53	製造	31	2.9%	94	進める	23	2.1%	135	調整力	10	0.9%
13	自分	83	7.7%	54	体験	31	2.9%	95	プロセス	23	2.1%	136	基礎知識	10	0.9%
14	設計	79	7.3%	55	担当業務	30	2.8%	96	指導	22	2.0%	137	専門分野	10	0.9%
15	コミュニケーション能力	74	6.9%	56	分野	30	2.8%	97	時間	22	2.0%	138	スキルアップ	10	0.9%
16	能力	74	6.9%	57	関係	30	2.8%	98	1つ	22	2.0%	139	開発設計	9	0.8%
17	身	68	6.3%	58	良い	30	2.8%	99	見る	22	2.0%	140	製品化	9	0.8%
18	機会	68	6.3%	59	人	29	2.7%	100	実行	22	2.0%	141	研究開発	9	0.8%
19	知識	66	6.1%	60	責任	29	2.7%	101	取得	22	2.0%	142	商品開発	9	0.8%
20	部門	65	6.0%	61	実施	28	2.6%	102	得る	22	2.0%	143	関連部門	9	0.8%
21	社外	60	5.6%	62	グローバル	28	2.6%	103	商品	21	1.9%	144	人材育成	9	0.8%
22	プロジェクト	59	5.5%	63	語学教育・研修	27	2.5%	104	作業	21	1.9%	145	協調性	8	0.7%
23	向上	58	5.4%	64	工場	27	2.5%	105	論理	21	1.9%	146	海外出張	8	0.7%
24	技術研修	57	5.3%	65	事業	27	2.5%	106	企画	21	1.9%	147	人間力	7	0.7%
25	製品	57	5.3%	66	一連	27	2.5%	107	交渉	21	1.9%	148	応用力	7	0.6%
26	対応	56	5.2%	67	専門知識	26	2.4%	108	遂行	21	1.9%	149	技術系	6	0.6%
27	スキル	56	5.2%	68	プレゼンテーション力	26	2.4%	109	学ぶ	21	1.9%	150	専門的知識	6	0.6%
28	現場	55	5.1%	69	管理	26	2.4%	110	研究	20	1.9%	151	技術交流	5	0.5%
29	行う	50	4.6%	70	失敗	26	2.4%	111	調整	20	1.9%	152	成功経験	5	0.5%
30	課題	47	4.4%	71	考え方	26	2.4%	112	流れ	20	1.9%	153	技術課題	4	0.4%
31	計画	46	4.3%	72	付ける	26	2.4%	113	活動	20	1.9%	154	能力開発	3	0.3%
32	成功体験	45	4.2%	73	技術力	25	2.3%	114	全体	20	1.9%	155	専門能力	3	0.3%
33	習得	44	4.1%	74	問題	25	2.3%	115	学習	20	1.9%	156	海外勤務	3	0.3%
34	部署	43	4.0%	75	積極	25	2.3%	116	営業	20	1.9%	157	開発部門	3	0.3%
35	対応	42	3.9%	76	テーマ	25	2.3%	117	環境	20	1.9%	158	体験型	3	0.3%
36	与える	42	3.9%	77	ノウハウ	25	2.3%	118	出来る	20	1.9%	159	開発課題	2	0.2%
37	育成	39	3.6%	78	海外経験	24	2.2%	119	製造現場	19	1.8%	160	生産技術	2	0.2%
38	自ら	39	3.6%	79	他	24	2.2%	120	物	19	1.8%	161	プロジェクト経験	2	0.2%
39	解決	39	3.6%	80	実習	24	2.2%	121	作成	19	1.8%				
40	思う	37	3.4%	81	意識	24	2.2%	122	自体	19	1.8%				
41	持つ	36	3.3%	82	会社	24	2.2%	123	責任感	19	1.8%	162	#コード無し	18	1.67%

全体の文書数＝1081文書

（＝概念化）、それぞれの繋がりを検証し（＝共起分析）、1,000内外のコメント群の中に存在している語群＝意味の塊を抽出した[(2)]。

　まずは、設問Aの分析結果を概観していこう。概念化の分析結果は、表5－2のようになった。計161のワードが概念化され、「経験」「業務」「技術」「研修」「顧客」といったワードが上位を占めている。これらのワードを共起分析にかけ、図5－5を得た。大きなものから、小さなものまで、全部で17の語群が抽出されている。それぞれの語群が、どのような意味を表しているか、対応するフリーコメントの解読をしてみよう。

図5－5　「人材育成方針」の共起分析

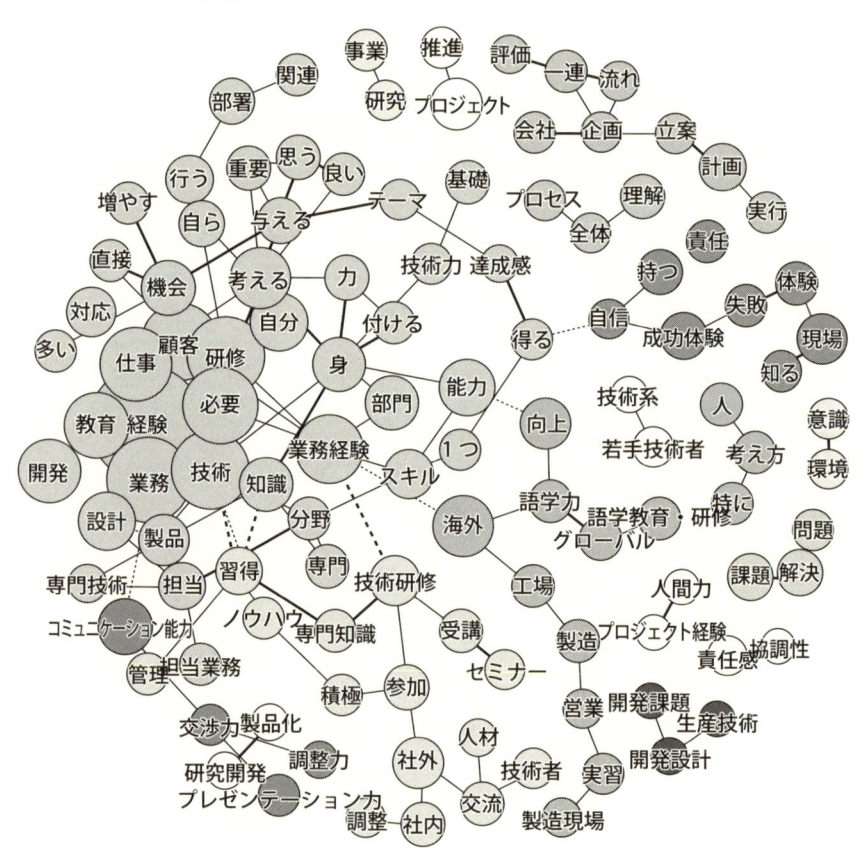

【語群1】「経験」「業務」「技術」「研修」「顧客」などの頻出ワードが密接につながった、全体に共通する底流となる意味の塊だ。すべての理系人材には、
　　・業務経験や研修を通して、
　　・専門知識・スキル、技術力を身につけ、
　　・顧客と直接対応する機会を増やし、
　　・重要な機会を通して達成感を得る。
という方向性が求められている。「顧客と直接対応する機会を増やし」という文脈からは、現状では顧客との接点が希薄であり、フィードバックが得られていない、という若手理系人材の課題が浮かび上がる。

【語群2】「事業」「研究」というワードから構成される群である。研究部門の人材が、初期の計画段階から事業化、製品化までのプロセスを一貫して体験することの重要性が浮かび上がる。

【語群3】「推進」「プロジェクト」というワードから構成される群である。小さくてもいいから一つのプロジェクトを中心的な立場で推進することの重要性が浮かび上がる。「組織横断的な専任プロジェクトでのビジネス立案推進」という、事業創造的な内容のコメントが一部含まれている。

【語群4】「プロセス」「全体」「理解」というワードから構成される群である。文字通り、業務のプロセス全体を把握、理解した上で遂行することの重要性が謳われている。

【語群5】「技術系」「若手技術者」というワードから構成される群である。企業内分業が進み、短納期、低コスト化が進行する中で、若手理系人材の育成が困難になっている現状を示し、ローテーション人事の実施、机上ではなく工場などの現場で触れて学べる機会創造の重要性が説かれている。

【語群6】「人」「考え方」「特に」というワードから構成される群である。他部署の人材、顧客、外部の人材、同業他社以外のまったく異なる業種の人材、海外研修、海外業務経験など、自身とは異なる人との接点を増やし、幅広い考え方や意見を吸収し、見識や主体性を身につけてほしいという意向が明確になっている。

【語群7】「意識」「環境」というワードから構成される群である。新規分野や最先端技術を意識できる環境を作り、主体的に学ぶ姿勢を持たせたいとの意向が浮かび上がる。

【語群8】「問題」「解決」「課題」というワードから構成される群である。課題を抽出し、問題解決するという手法を身につけることの重要性が記述されている。

【語群9】「人間力」「プロジェクト推進」というワードから構成される群である。プロジェクト経験を通じてリーダーシップを発揮し、人間力を磨くことが肝要であると謳われている。

【語群10】「責任感」「協調性」というワードから構成される群である。チームやグループ、関係部署や顧客との協働が常に求められるという仕事の実態が浮かび上がる。

【語群11】「開発課題」「開発設計」「生産技術」というワードから構成される群である。実務経験や部門間の課題を知ることを通して、ものづくりの仕組みを体得させることの重要性が記述されている。

【語群12】「研究開発」「製品化」というワードから構成される群である。語群1と同義の語群であった。

【語群13】「コミュニケーション力」「交渉力」「調整力」「プレゼンテーション力」というワードから構成される群である。グローバル化への対応も含め、対外的な折衝の場面がより重要になってくる、という環境変化を映し出している。

【語群14】「評価」「一連」「流れ」というワードから構成される群である。語群3と同義の語群であった。

【語群15】「責任」「持つ」「現場」「知る」などのワードから構成される群である。一連の責任ある仕事を任せ、成功体験・失敗体験をさせることの重要性が記述されている。「仕事が細分化して、全体が見えない」「若手理系人材に失敗体験をさせる余裕がない」という状況が背景にはある。「製造現場が海外にあり、ものづくりの場を見たり、経験したりすることができなくなっている」という指摘もある。

【語群16】「海外」「語学力」「グローバル」「営業」「実習」「製造現場」などのワードから構成される群である。製造現場や開発パートナーなど、海外を相手にした仕事が増加する中で、語学力を高め、海外研修、出張、赴任などの経験を重要視している。海外に製造拠点が移行している中で、ものづくりを体感する生きた経験は、国内ではできなくなっている、という認識が背景にある。

【語群17】「交流」「社外」「習得」「専門知識」「技術研修」などのワードから構

成される群である。新たな知識、技術のキャッチアップのために、社内外のセミナー、研修への参加や、学会参加などの社外交流の機会を増やすことの重要性が記述されている。

２．ミドルマネジャーの認識から浮かび上がる３つの構造的課題

各語群の意味するところを横断的に見ると、背景には共通した３つの構造的課題が浮かび上がる。

一点目は、「全体観不全」だ。専門分野の分化等に伴う業務の細分化、社内完結ではなく社外の開発パートナーを活用する業務フロー、製造現場をはじめとしたプロセスのオフショア化によって、プロセス全体を視覚で捉え、肌で感じ、その中における自身のポジションを自覚することが難しくなっている。

二点目は、「視野狭窄」だ。専門化、細分化が進み、その陳腐化スピードが速まる中、それぞれの領域の知識・技術獲得に特化することが求められるが、それに対応し、「机上で学ぶ」ことが優先され、他部門、顧客、海外等の異なる視界、観点をもった人たちとの接点が減少し、視界が広がらない。

本研究を推進する中で、技術の現場をよく知る方に話を伺ったが、上記２つに関しては同様の趣旨のコメントを頂いた。

> 「私たち自身のころにはあったハンズオンの感覚が、大きく消失している」
> （大手電機メーカーＲ＆Ｄ企画室長）
>
> 「日本の半導体技術者は、10 年 15 年経っても、リソグラフィ、エッチングなど、500 以上ある製造プロセスの一部の専門性が高まるだけで、全体が見えない。最終製品がどうなり、どのような顧客が購入しているかを知る由もない」
> （元大手電機メーカーエンジニア）

三点目は、「折衝過多」だ。業務プロセスもが細分化され、社外、国外との交渉、調整というシーンが増加している。高度な知識だけではなく、対人折衝を中心としたマネジメント力を要望されるのだ。

若手理系人材を取り巻く環境には、この３つの構造的課題が相互に折り重なっ

て埋め込まれている。「フィードバック」が得られないことは容易に想像がつき、「タスク完結性」についても、過去を知るミドルマネジャーの認識からは、大きく減衰していることが明白だ。疲弊し、受身で業務をこなしている姿を彷彿とさせる構造である。

3．各現場が待望している４つの人物像

では、現場が求める人材像は、どのようなものか。各部署は、どのような人材を待望しているのか。17の語群から抽出される全ての期待を整理すると、それは、4つに大別できる。

第一の人材像は、「ニーズの高度化に対応したスペシャリスト」だ。特には、語群17から浮かび上がる人材像だ。入社直後から一人前になるまでの初期キャリアを想定したものと捉えられる。

第二の人材像は、「現場を動かすプロジェクトマネジャー」だ。社内外のリソースをフル活用し、顧客や事業の要請に応えていくプレイヤーである。開発・設計、ＳＥ部門において待望される人物像のスタンダードだといっていいだろう。「スペシャリスト」を経て「プロジェクトマネジャー」になるキャリアを想定している、と解釈できる。

第三は、「技術革新の担い手であるテクノエキスパート」だ。主に研究部門において、事業化を視野にいれて研究を進めるハイエンド人材である。かつての中央研究所全盛時代には、理系人材のエリートコースとされてきたが、今回のコメントにおいては、この人物像を望む声は一部に限られている。

第四は、「事業創造人材」である。ビジネスを企画、立案し、推進していく人材である。だが、この人材像を期待するコメントは、数件にとどまる。

4．「グローバル人材」とは、どのような人材か

今回の調査結果では、ミドルマネジャーの71.7％が、グローバル人材の必要性を感じている。その実態解明のために、同様の分析を試みた。概念化の分析結果は、後掲表5－3のようになった。計108のワードが概念化され、「人材」「海外」「語学力」「コミュニケーション能力」「文化」といったワードが上位を占めている。これらのワードを共起分析にかけ、後掲図5－6を得た。大きなもの

第5章　若手理系人材の「成長の危機」　103

から、小さなものまで、全部で13の語群が抽出されている。それぞれの語群が、どのような意味を表しているか、概観しよう。

【語群A】「海外」「人材」「語学」などの頻出ワードが密接につながった、全体に共通する底流となる意味の塊だ。グローバル人材とは、
　　・語学力をベースとしたコミュニケーション能力に優れ、
　　・地域特性や習慣などの異文化理解に優れ、
　　・海外顧客や海外メーカーとの交渉力に優れ、
　　・業務を推進することのできる人材
と、多くのミドルマネジャーが認識している。

【語群B】「技術者」「対等」「会話」というワードから構成される群である。海外で対等に会話ができる、というベーシックな要件である。

表5－3　「グローバル人材」テキスト分析に使用したワード

No	概念化したワード	該当文書数		No	概念化したワード	該当文書数		No	概念化したワード	該当文書数	
1	人材	461	51.3%	37	相手	33	3.7%	73	業務遂行	17	1.9%
2	海外	350	39.0%	38	行動	33	3.7%	74	メーカー	16	1.8%
3	語学力	308	34.3%	39	地域	32	3.6%	75	人間	16	1.8%
4	コミュニケーション能力	168	18.7%	40	言語	32	3.6%	76	戦略	16	1.8%
5	文化	133	14.8%	41	情報	31	3.5%	77	海外メーカー	15	1.7%
6	人	126	14.0%	42	有す	31	3.5%	78	外国語	15	1.7%
7	持つ	126	14.0%	43	把握	31	3.5%	79	価値感	15	1.7%
8	技術	113	12.6%	44	対等	30	3.3%	80	リーダーシップ	14	1.6%
9	出来る	104	11.6%	45	スキル	28	3.1%	81	専門知識	13	1.5%
10	顧客	100	11.1%	46	進める	28	3.1%	82	グローバル人材	11	1.2%
11	理解	98	10.9%	47	生産	27	3.0%	83	海外生産	10	1.1%
12	必要	89	9.9%	48	視野	27	3.0%	84	対応力	10	1.1%
13	交渉力	86	9.6%	49	行う	26	2.9%	85	行動力	10	1.1%
14	グローバル	83	9.2%	50	国	26	2.9%	86	海外出張	10	1.1%
15	業務	83	9.2%	51	異なる	26	2.9%	87	市場動向	8	0.9%
16	能力	74	8.2%	52	会話	26	2.9%	88	多様性	8	0.9%
17	考える	66	7.4%	53	議論	25	2.8%	89	積極性	8	0.9%
18	現地	64	7.1%	54	ニーズ	25	2.8%	90	技術指導	7	0.8%
19	世界	61	6.8%	55	企業	25	2.8%	91	専門性	7	0.8%
20	日本	57	6.4%	56	グローバル市場	24	2.7%	92	海外企業	6	0.7%
21	製品	57	6.4%	57	事業	24	2.7%	93	技術開発	6	0.7%
22	対応	55	6.1%	58	考え	24	2.7%	94	技術動向	6	0.7%
23	自分	53	5.9%	59	推進	24	2.7%	95	現地人	6	0.7%
24	開発	52	5.8%	60	積極	24	2.7%	96	海外勤務	6	0.7%
25	知識	48	5.4%	61	状況	23	2.6%	97	専門技術	5	0.6%
26	仕事	46	5.1%	62	有する	23	2.6%	98	理解力	5	0.6%
27	ビジネス	41	4.6%	63	関係	23	2.6%	99	グローバル化	5	0.6%
28	高い	38	4.2%	64	経験	23	2.6%	100	研究開発	5	0.6%
29	考え方	38	4.2%	65	物事	23	2.6%	101	海外展開	4	0.5%
30	遂行	38	4.2%	66	展開	22	2.5%	102	国内市場	4	0.5%
31	視点	36	4.0%	67	拠点	21	2.3%	103	海外進出	3	0.3%
32	技術者	35	3.9%	68	外国人	21	2.3%	104	海外経験	2	0.2%
33	技術力	35	3.9%	69	商品	20	2.2%	105	情報収集力	2	0.2%
34	市場	35	3.9%	70	会社	20	2.2%	106	適応力	2	0.2%
35	国内	34	3.8%	71	習慣	19	2.1%	107	論理力	2	0.2%
36	海外拠点	33	3.7%	72	判断	17	1.9%	108	開発力	1	0.1%
								109	#コード無し	2	0.2%

全体の文書数＝898文書

【語群C】「研究開発」「海外進出」「積極性」というワードから構成される群である。製造に次いで、研究開発拠点を海外に移管する動きに対応し、海外で活躍したいという積極性を期待する意向である。

【語群D】「海外勤務」「海外市場」「国内市場」「経験」というワードから構成される群である。海外経験を有することの重要性を強調する意見である。

【語群E】「人間」「関係」というワードから構成される群である。グローバルにおいては、人間関係構築力が求められるという認識である。

【語群F】「論理力」「理解力」「専門技術」というワードから構成される群である。

図5-6 「グローバル人材」の共起分析

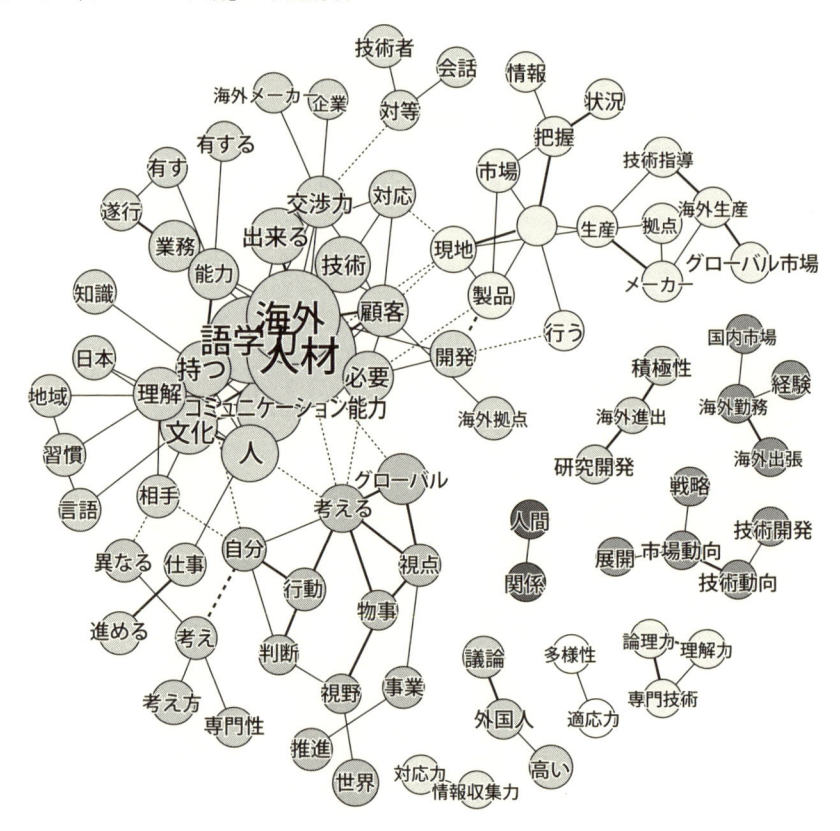

市場の如何に関わらず、理系人材としての基本能力が重要だとする認識である。
【語群G】「多様性」「適応力」というワードから構成される群である。語群Aにもある異文化適応力と同義である。
【語群H】「議論」「外国人」「高い」というワードから構成される群である。語群Bとほぼ同義の群である。
【語群I】「対応力」「情報収集力」というワードから構成される群である。海外において、さまざまなルートに対応し、情報収集することができる人材を想定している。
【語群J】「異なる」「考え」「考え方」「専門性」というワードから構成される群である。語群Gとほぼ同義の群である。
【語群K】「市場」「状況」「ニーズ」「把握」「海外生産」「グローバル市場」などのワードから構成される群である。マーケティングから現地での生産までを視野に入れたビジネス構想力が必要だとの認識である。
【語群L】「戦略」「市場動向」「技術展開」などのワードから構成される群である。市場と技術の両面を見据えた戦略立案ができる人材が想定されている。
【語群M】「グローバル」「考える」「自分」「視点」「物事」「事業」などのワードから構成される群である。高い視野、視点から物事を構想し、自身で判断、行動し、事業を推進していくという人物像が浮かび上がる。

5．「グローバル人材」、二つのタイプ

　13の語群のうち、AからJまでのものは、先に提示した「プロジェクトマネジャー」を想定したものと理解できる。プロジェクトの拠点やパートナーが次々と海外にシフトしていく中で、プロジェクトマネジャーには、語学力、コミュニケーション能力、異文化適応力、情報収集力、対人折衝力などが強く求められるようになっている。

　だが、K、L、Mは、それとは一線を画する。いくつか、コメントを紹介したい。

・国内及び海外の市場動向、ニーズを分析し、基盤事業、拡大事業の戦略、絵姿を立案できる人材をイメージしています。ユーザが求めているものを察知し事業に展開できる構想の立案と具体化への推進が出来る人材です（SE部門）

・単に流暢な外国語が話せるだけではだめで、異なる文化の人々と調和連係することが出来、市場調査や分析から地域戦略の算定まで、グローバルでのマーケティングを推進できるセンスと技術力を合わせ持つ人財（開発・設計部門）

・海外戦略を立案、推進できるような、従来の枠にとらわれない独自性・積極性を持った人材（開発・設計部門）

・海外の市場ニーズを自ら調査分析入手できるスキルと行動力を有した人材。各国のニーズに適した商品コンセプトを明確にし、商品化をローカルスタッフと一緒に推進できる人材。クレームに対して、現地で自ら対応できる能力を有する人材（家電、開発・設計部門）

・海外の文化、風習を自然に受け入れ、市場ニーズを正しく理解し、その国の社会に貢献できるソリューションを提供できる（開発・設計部門）

・海外の顧客に対して顧客視点及び自社の事業視点に立って、当社製品を企画提案売り込みできる人材。交渉の場において、顧客と対等に近い立場となれるよう、忍耐強く、コミュニケーションを図り、成果（受注）を得ることに執着する人材（開発・設計部門）

・日本の社会インフラシステム開発事業を遂行している職場であり今後の組織発展に向けては海外（主にアジア）への事業展開の必要性に迫られる可能性が高い。その際、高度な技術開発力とコアに幅広い視点とフレキシブルな対応力と困難に向かってチャレンジしてゆけるメンタルタフネスを備えた人材をイメージしています（開発・設計部門）

・グローバルな市場で先頭に立って事業を推進できる人材（開発・設計部門）海外での新規事業を立ちあげられるようなリーダーシップをもった人材（研究部門）

・語学力を持っていることは、勿論のこと、グローバル規模で、マーケット、技術や事業感覚を持てており、業務遂行のスピード、実行力（タフであること）を兼ね備えて、実践している人材（開発・設計部門）

これは、まさに「事業創造人材」を言い表している。設問Aの表記…現在各部署が想定している「あるべき人材像」の中には、ほんの数件しか見られなかったものが、設問B…今各社に求められているグローバル人材の二つの人材像の一つとして明確に想定されている。部分最適と全体最適の間には、やはりずれが生じている。

第4節　考　察

1．構造的課題を生み出す最大の要因は何か

　ここまでを整理し、考察を加えながら、問題の在り処を特定していこう。

　「全体観不全」「視野狭窄」「折衝過多」という構造的課題を認識しつつも、ミドルマネジャーの若手理系人材に対する評価は高いものであった。恐らくそれは、想定される初期キャリア像として「スペシャリスト」を想定しているからではないだろうか。細分化したパーツの中では、それなりの成果を出せている、ということではないだろうか。「全体観不全」「視野狭窄」という構造的課題は、「スペシャリスト」という初期キャリア像と表裏一体のものでもある。

　しかし、将来に目を転じると、「全体観不全」「視野狭窄」「折衝過多」という構造的課題を包含した現在の職場環境では良質な技術系人材は育たない、と危惧しているのではないだろうか。つまり、問題の在り処は、細分化された組織・仕事フォーメーションであり、若手理系人材の全てが「スペシャリスト」として初期キャリアをスタートするというシステムにあるのではないだろうか。

　現状のフォーメーションでは、どのような人材が育っていくだろうか。スペシャリストはもちろん育つ。そのためのフォーメーションなのだから。また、ニーズは低下しているようだが、テクノエキスパートも育っていくと想定される。

　プロジェクトマネジャーは、どうだろうか。「全体観不全」「視野狭窄」という構造的課題は、育成環境としては劣悪ではある。だが、「折衝過多」という構造の中では、ミニ・マネジメント経験を重ねることはできる。その経験を通して力をつけた人材に、プロジェクトマネジャーへのキャリア機会を提供することはできるだろう。ミドルマネジャー（その多くが、「プロジェクトマネジャー」タイプだと考えられる）自身も、問題意識を持って育成していこうという意志を持っている。何とか打開できるかもしれない。

問題は、事業創造人材である。恐らく、現在の環境では生まれてこないだろう。細分化された組織・仕事フォーメーション、若手理系人材の全てが「スペシャリスト」として初期キャリアをスタートするというシステムからは。いや、もう一歩突っ込んでいえば、理系人材全てを、研究者やエンジニアになるものとして想定している日本の電機メーカーのシステムからは。

2．理系人材のトッププレイヤーは何をしているのか

2011年に発刊された書籍「日本『半導体』敗戦」には、日本の半導体メーカーと、韓国、台湾、アメリカの半導体メーカーの組織体制の違いを記述しているくだりがある。その一部をご紹介したい。

> 「サムスン電子の組織には、もう一つ特筆すべき特徴がある。（中略）戦略マーケティング部門に800人が所属し、うち専任のマーケッターが230人もいる。このマーケッターは、単に市場調査を行うのではない。例えば、中国のマーケッターならば、まず中国に1～2年住み、中国語を話せるようになり、中国人と同じものを食べ、中国人が一体どのような志向を持つのかを学ぶ。その上で、中国人用にどんなDRAMがいつまでに何個必要かを決定するのである」

サムスン電子には、地域専門家制度というユニークな人事制度がある。入社3年以上の若手人材に「一年間、その国のことを多面的に学びなさい」という自由なミッションを与えて、世界各国に派遣するのだ。最も優秀な若手人材に提供されるキャリア機会である。そして、特にその国に精通した人材が、やがてその国のマーケッターになるのだ。その多くが、理系人材だという。日本のメーカーがサムスン電子に敗れた理由は低価格化技術の欠如などいくつかの要因があるが、「理系人材の活用法」も、大きな要因なのではなかろうか。「理系人材は全員研究開発要員であり、製品作りは研究開発主導で行う」という日本のシステムが、「理系人材のトップはマーケッターになり、マーケティング部門が製品作りのイニシアティブを握る」というサムスン電子のシステムの前に敗戦した、ともいえるのではないだろうか。

同書の著者である湯之上隆氏は、このような人材活用は、サムソン電子に限っ

た話ではないと語る。氏が、長岡技術科学大学に客員教授として在籍していた時に、ある欧州半導体メーカーから人材獲得のオファーがあったという。その内容は「一番優秀なドクターを欲しい。幹部候補として迎え、マーケティングを担ってもらう」というものであったという。

半導体、分けてもDRAMのようにコモディティ化した製品分野においては、研究者やエンジニアではなく、マーケッターこそが事業創造人材だといっていいのではないだろうか。そして、電機メーカーの製品群の多くは、コモディティ化している。にもかかわらず、日本の電機メーカーは、マーケティング部門に力を入れていないという。再び、同書から引用したい。

> 「ある大手半導体メーカーの技術開発部長が、マーケティング部に異動になった時のことである。この元部長は『あーあ、左遷されちゃったよ。オレもとうとう窓際族か……』と言ったという」

日本は、技術信仰、ものづくり信仰から脱却できていないことを端的に表すエピソードといえるだろう。

3．事業創造人材とはどのような人材か

イノベーションという言葉がある。「革新する」「刷新する」という意味の英語の動詞 innovate の名詞形であり、新しい市場や資源の開拓、新機軸の導入など、新しく取り入れて実施したり、手を加えて改変する事を指す。しかし、この言葉が「技術革新」という日本語に置き換えられ、誤解されているケースが少なくない。新しい最先端の技術による革新こそが、イノベーションである、という誤解だ。そして、この誤解こそが、日本のメーカーが低迷していった大きな要因である、と湯之上氏は語る。

リクルートワークス研究所がプロデュースした「事業創造人材研究会」も、まさに同様の問題意識からスタートした。

> 「モノの溢れる21世紀において、技術力だけでは、新しい『事業』になりうる製品やサービスを産み出すことは、至難である。言い尽くされている感はあるが『モノよりコト』、『所

有より体験』というのは、今のところ確実な潮流だ。だからこそ、21世紀型の事業創造は、『どんなに優れた技術が使われた製品やサービスか』ということだけでは、始まらない」（「事業創造人材の創造」事業創造人材研究会報告書より）

図5-7　21世紀型の事業創造

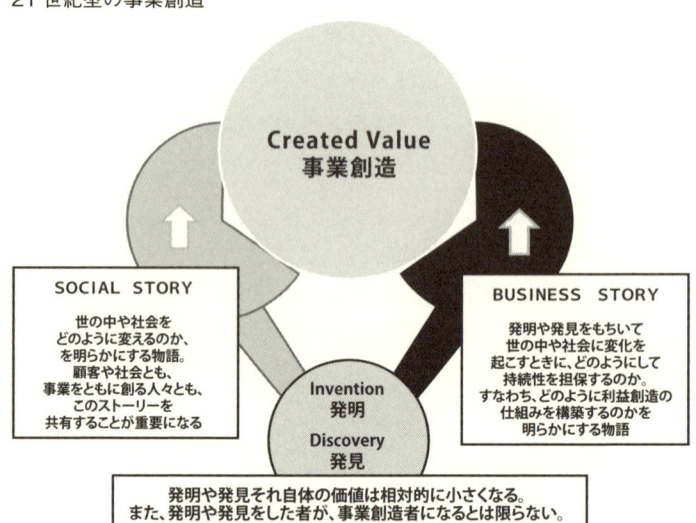

Created Value 事業創造

SOCIAL STORY
世の中や社会を
どのように変えるのか、
を明らかにする物語。
顧客や社会とも、
事業をともに創る人々とも、
このストーリーを
共有することが重要になる

Invention 発明
Discovery 発見

BUSINESS STORY
発明や発見をもちいて
世の中や社会に変化を
起こすときに、どのようにして
持続性を担保するのか。
すなわち、どのように利益創造の
仕組みを構築するのかを
明らかにする物語

発明や発見それ自体の価値は相対的に小さくなる。
また、発明や発見をした者が、事業創造者になるとは限らない。

　では、事業創造には何が必要なのか。それを生み出す人材とは、どのような人材なのか。

「重要なのは、この製品やサービスを使うとどんな気分になれるか、どんな楽しさや喜びが待っているか、すなわち、『どんなふうに世の中が変わるか』を語ることだ。これを、私たちは『SOCIAL STORY』と名づけた。21世紀の事業創造をリードする人材は、このSOCIAL STORYを熱く語れる人間でなければならない。
　しかし、SOCIAL STORYを語るだけでは事業が生まれないのも、また事実である。社会を変えうる製品やサービスを、サステイナブルに世に提供するためには、どうやってその製品やサービスから利益を得るのか、その仕組みをも構想する必要があるからだ。こちらはさしずめ『BUSINESS STORY』と言えようか。
　理想論かもしれないSOCIAL STORYを語る『青臭い』部分と、冷静にマネタイズの方

第5章　若手理系人材の「成長の危機」　111

> 法論＝ BUSINESS STORY を語る『腹黒い』部分、一見矛盾するものをあわせ持つ、いわば『青黒い』人の存在によって、初めて、21世紀型の事業創造が可能になる」（「事業創造人材の創造」事業創造人材研究会報告書より）

では、事業創造人材とは、どのような思考特性・行動特性を持った人材なのか。

> 「SOCIAL STORY と BUSINESS STORY を紡ぎ新しい事業を構想するためには、まず何よりも、**より良き社会への信念**が必要である。この信念があるからこそ、失敗を恐れずに進むことができる。この信念を支えているのは、その製品やサービスのもたらす価値や解決される問題について、誰よりも深く考え、長く対峙してきたという、**経験に裏打ちされた自負**である。
>
> 　こうした思想的な土壌によって育まれた新規事業構想を実現していくフェーズでは、強烈なゴール志向・高速前進志向・粘り強さという行動規範が三位一体でエンジンの役割を果たしている。構想が現実に変わるまでに直面するさまざまな困難を乗り越えられるのは、これらの行動規範が、彼らを駆り立てるからだ」（「事業創造人材の創造」事業創造人材研究会報告書より）

> 「事業創造人材の具体的な行動において、まず目立つのは**常識の枠を超える**行動だ。信念を持って、世の中の不自然さを変えようとしても、常識やルールにのっとったままでは『無理、難しい、できそうもない』という結論に陥ることになる。そこからさらに突き詰めて考え抜くと、そうした既存の『しばり』を飛び超えたところにある、変化を現実に起こしうる隠された道に到達できる。これを、事業創造人材は本能的に知っている。
>
> 　さらには、3つの行動規範に紐づいた、**手に入れる・捨てる・決める・宣言する・やめない**という明快な行動によって、彼らはその道をどんどん切り開いていき、いつしか事業の成功という目的地に到達する。
>
> 　事業創造に成功した経験は、彼らに新たな自負をもたらす。こうして、何度でも事業を創造できるような人材へと成長していくのである」（「事業創造人材の創造」事業創造人材研究会報告書より）

では、事業創造人材は、どのように育成すればいいのだろうか。「類まれなる

学習能力」を持ちながらも、組織にとって扱いやすい人材とは決していえない「跳ねっ返りな存在」ともいえる彼らは、どのように育てればいいのか。結論から言おう。育成はできない。事業創造人材となり得る人材を「探す」そして「つぶさない」ことが、人材マネジメントの要諦になるのだ。

しかし、日本企業の人材マネジメント、人材育成は、全員に対して同質的な配置、職務のアサインをすることにより、自社に適応させる傾向が強い。つまり、跳ねっ返りがつぶされる可能性が高い。それは、電機メーカーにおいても同様だろう。今の組織・仕事フォーメーション、人材配置は、全員を、まずは細分化された技術領域のスペシャリストにする形をとっている。それは、巨大な業務プロセスのごく一部を担う、組織や職場によって規定されている型にあわせていくことを意味する。跳ねっ返りは、決して好まれないだろう。

そして、細分化は進み、「狭く・深く」なっているため、そこで一人前として認められるようになるまでにも、長く時間がかかる。今回の上司アンケート調査では、平均して6.2年という回答結果であった。以前にリクルートワークス研究所が全産業に対して実施した調査[3]での平均値3.2年の倍近い時間を要することになる。つぶされる可能性は、それだけ長くなる。

図5-8　事業創造人材の思考行動特性

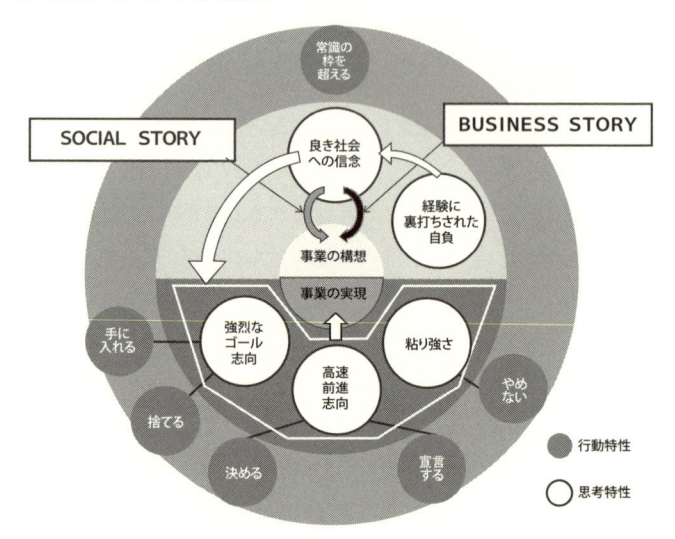

研究者、技術者のあるべき姿として、よく「T型人材」という人材タイプが語られる。自身固有の専門性を確立しつつ、周辺領域についても理解しているというタイプだ。特定の分野の専門家である「I型人材」が必要とされた時代は終わり、今は、「T型人材」の時代、あるいは、複数の専門性を持ち、かつ全体の調整もできる「Π型人材」の時代などともいわれる。

　筆者には、この考え方自体にも、落とし穴があるように思える。時代が、一つの人材タイプだけを要請しているはずはない。現代においても、「I型」は必要なはずであり、その人材と「T型」「Π型」の人材は、タイプが異なるはずだ。「I型」を経由して、キャリアを重ねて「T型」あるいは「Π型」になっていく、という単線的なキャリア発想が、企業内の組織・仕事フォーメーションを画一的にしているし、決して一様ではないはずの理系人材のキャリアに閉塞感をもたらしている一因に思えてならない。

　さらに、このモデルは、「まずは専門性ありき」という前提に立っている。モノ作りに携わり、大きな意思決定をする人間になるためには、ある特定の技術領域を極めなくてはならない、という思想が背景にある。果たしてそれでいいのだろうか？　技術オリエンテッドな事業創造全盛時代が終焉した現代においても、理系人材全員に、固有の専門性を求め、一人前の「スペシャリスト」になることを求める、という思想は、正しいといえるのだろうか？

4．理系人材のキャリアコースを再編する

　「全体観不全」「視野狭窄」「折衝過多」という構造的課題の中で、まずは「スペシャリスト」として初期キャリアをスタートし、やがては「プロジェクトマネジャー」になることを待望されている若手理系人材。しかし、組織の未来のためには、「事業創造人材」が必要であり、現在の組織・仕事フォーメーションからは、事業創造人材は生まれない、いや、つぶされてしまうかもしれない。

　本稿を締めくくるにあたり、この現状を打破するための「理系人材のキャリアコース再編」を提案したい。「事業創造人材コース」「プロジェクトマジメントコース」「エキスパートコース」を明示するのだ。入社3年は、各現場でスペシャリストとしての仕事に対峙するなかで、仕事をする上での基礎力を高め、4年目以降は、コースに対応した職務、役割をアサインしていくのだ。コース分けは、選

抜よりも、選択でありたい。予めコースを全社員に提示し、個人が志望・選択する。

　同時に、事業創造人材専門の組織を発足させることも検討したい。それは、マーケティングセクションかもしれないし、顧客開拓部門かもしれないし、ライセンシングなどの知識調達部門かもしれない。現在の事業環境に即した最重要部署であるという宣言をし、そこでは、跳ねっ返りだが高度な学習能力を持った理系人材が活躍する。

　採用時から、キャリアコースを分けるという考え方もあるだろう。従来の開発・設計エンジニア予備軍とは異なる、事業創造人材になる可能性が高そうな人材を、別コースで採用するのだ。これまで入社してこなかったようなタイプの人材との出会いがあるかもしれない。

　導入に向けては、高いハードルがある。その最たるものは、キャリアコースの待遇に格差をつけるかどうかだろう。日本のメーカーにとって重要な分岐点であった工職分離撤廃という意思決定以降、社内に、疑似的であるにせよ身分制度に類するようなシステムを導入することは、厳に慎まれてきたという歴史がある。また、過去に、ある総合電機メーカーが、新卒採用にコースを分けて、一部の新卒に高額な初任給と特別なミッションを付与する施策を導入したが、特別扱いに対する妬み、嫉みなどに端を発する非協力などが発生し、短期間のうちに施策が撤廃されたこともある。経営、労働組合の合意に基づく、強い意志での実施、運営が必要になる。

　もちろん、この施策以外にも、現状を打破する方法はあるだろう。しかし、間違いなくいえるのは、「画一的」「同質的」な組織・仕事フォーメーションを打破せずに、明るい展望はないだろうということであり、その改革においては、多様性を受け入れていくことが避けて通れないということであろう。例えば、現行の従業員の一部には賃下げが適応される、という意思決定を迫られる、というように。

　間違いなく時代の転換期を迎えている電機メーカーが変わるためには、長きにわたって大切にしてきた雇用思想などの経営の大方針にもメスを入れることになるだろう。何かを大きく変えない限り、理系人材のモチベーションは高まらない。そして、企業の活力・成果をさらにそいでいくことは間違いない。大きな決断が、いま、求められている。

【参考文献】

湯之上隆「日本『半導体』敗戦」光文社　2009 年

鈴木博毅「『超』入門　失敗の本質　日本軍と現代日本に共通する 23 の組織的ジレンマ」ダイヤモンド社　2012 年

高橋俊介「21 世紀のキャリア論　想定外変化と専門性細分化深化の時代のキャリア」東洋経済新報社　2012 年

リクルートワークス研究所「事業創造人材の創造　事業創造研究会研究報告書」2011 年

リクルートワークス研究所「21 世紀のキャリアを考える研究会　研究報告書」2011 年

リクルートワークス研究所「変化の時代　キャリアの罠」Works106 号　2011 年

【注】

⑴　本分析では、立命館大学 産業社会学部 准教授 樋口耕一氏によって開発された計量テキスト分析ツールである『KH Coder』を用いている。テキストの分析においては、文書を単語単位に分解し、単語ごとに品詞を加える形態素解析を行い、その後、分解された単語や複数の単語を概念化したものにつてそれらの関係について分析を行う。『KH Coder』では、形態素解析に、奈良先端科学技術大学院大学で開発された『茶筌』を、その後の分析には、統計解析ソフトである『R』を実装し用いている。また、複数の単語の組み合わせによる複合語については、『KH Coder』に実装されている東京大学 中川裕志教授、横浜国立大学 森辰則助教授によって開発された『TermExtract』を用いている。

　　『KH Coder』に関する論文 http://koichi.nihon.to/psnl/phd_web.pdf

　　『KH Coder』に関するサイト http://khc.sourceforge.net/index.html

　　『TermExtract』に関するサイト http://gensen.dl.itc.u-tokyo.ac.jp/

⑵　本分析のステップは、まず、形態素解析による単語の抽出を行い、抽出された単語（20 頻度以上）を用いて、単語と単語が文の中で同時に用いられている共起関係について分析をおこない単語のつながりに関する示唆を得た。これらの分析結果をもとに、キーとなりそうな複合語、類似の単語について概念化を行い、また、これらと重複しない単語（20 頻度以上）を分析対象のワードとして設定し、再度、共起分析を行い概念の整理を行った。

⑶　リクルート ワークス研究所「人材マネジメント調査 2003」

第6章　採用とグローバル人材の日韓比較

労働政策研究・研修機構　主任研究員　呉 学殊

第1節　日韓比較をする理由

　ここでは、より魅力のある電機産業に向けて必要な採用とグローバル人材のあり方を探るため日韓比較を試みる。そこで、日韓の電機産業を代表している日本企業2社と、韓国企業2社を取り上げることにする。

　世界は、人、物、金、情報等が国境を越えて動くグローバル化に直面している。程度の差はあるものの日韓とも基本的に違いがなく、こうしたグローバル化にどう対応するかによって、企業の発展・衰退が決まるといって過言ではない。

　企業のグローバル化への対応は、その企業の置かれている環境によってその内容が異なるが、採用とグローバル人材に関しても例外ではない。日韓ともに天然資源に乏しい国として、企業の発展をもっぱら人的資源に頼っている側面があり、また、電機産業では日韓の企業が熾烈な国際競争を繰り広げているという共通点もある。そういう意味で、電機産業の日韓企業は共通の基盤にあり、比較に適しているといえよう。

　本稿では、研究会で実施したヒアリング調査（2012年2月～5月実施）に基づき、2000年代以降、売上高と利益が急増する韓国企業の採用とグローバル人材の確保・育成について考察し、日本企業のそれと比較することによって、日本の企業にどのような課題があるのかを提示することを試みる。本稿が日本の電機産業がもっと魅力のある産業に前進できる一助となることを期待する。

第2節　日本の電機産業

1.　日本企業A社（ヒアリング調査日―2012年4月27日）

　同社の従業員は、2011年3月31日現在、約30,000人である。従業員の平均年

齢は39.9歳、平均勤続年数は17.9年を数える。従業員の性別構成は、男性が85％、女性が15％である。なお、連結ベースの従業員数は約30万人である。

同社は、「国内外を問わず、臆せず挑むことができる『意志』と『覚悟』のある人材」を求めて採用を行っている。高等専門学校及び、大学以上の新卒採用者は、2009年度約1,000人、2010年度〜2012年度は毎年700〜750人である。外国人の採用比率は、過去5年間平均で約3％である。以下、大卒以上の採用とグローバル人材について具体的にみていくことにする。

(1) 採用

大学（高等専門学校を含む）及び大学院の新規学卒者の採用は、大きく分けて学校推薦と自由応募に分けられるが、併願することはできない。前者は、理系出身の学生のみを対象とするエンジニア職、後者は、事務系とエンジニア系に区分され、事務系では文理不問とする一方、エンジニア系では理系のみを応募対象としている。

採用面接に当たっては、専門性と人物面の二つの観点から確認している。人物面では「求める人材像」として次のような人材像を学生に公開している。すなわち、①柔軟な頭で、物事の全体像を捉えられる人材（思い込みで視野を狭くしないこと）、②あらゆる人に心を開き、心を開いてもらえる人材（自分の殻に閉じこもらないこと）、③常に自分の意志を持ち、それを明確に示せる人材（他者に遠慮・尻込みしないこと）、そして④困難に立ち向かい、最後までやりとげられる人材（壁にぶつかっても意欲を失わないこと）である。このような観点で人物面の評価を行い、専門性の評価と合わせて採用を判断している。

学校推薦についてみてみると、約160校の大学及び高等専門学校から学校推薦を受けて学生が応募する。彼らは、A社の事業部や研究所だけでなく、複数のグループ会社の中から選択して面接を受ける。会社側は各事業部で面接を行い、専門性と上記の人物面の両方を照らし合わせて採否を決める。応募者が複数の事業部等から内々定をもらった場合、学生がどの事業部に行くかを決めることになる。なお、この方法（ジョブマッチング）は、応募学生の希望と事業部門の採用ニーズを相互に確認し合うことで、採用した学生の満足度と人材の質の向上を図るものとして導入している。

ジョブマッチングの面接では、採用ニーズのある事業部門の責任者が面接官として同席しており、事実上、自分の部下となる者を選ぶことになる。そのため、技術系の採用の採否は各事業部等が実質決定しているといって過言ではない。技術系の応募者数は年によって変動するが、毎年約3,000人おり、競争率は約3倍となっている。採用者の学歴を見ると、約75％以上が修士以上、17～18％が学部、残りの5～6％が高等専門学校である。
　A社は、技術系においては、優秀な学生を採用するにあたってリクルーターの役割を重視している。リクルーターは、出身大学に出向き、就職担当者・先生との繋がりを作ったり、優秀な学生に対する企業説明・PR活動や説明会・見学会への誘い、また、応募へのサポート等を行ったりしている。
　以上のような採用面接、リクルーターの活動には多額のコストがかかるが、一方で利点もある。採用面接の方法の利点としては、上司が自分の部下を採用するため、ミスマッチングが少ないこと、また、各上司が採用した責任を負うため、責任を持って新入社員の育成に努めることが挙げられる。
　技術系の内定者を性別でみると、86％が男性、14％が女性である。語学力そのものは採用にあたっての必須条件としていない。大学の成績は確認するが、成績そのものよりは業務遂行に必要な専門分野の能力を確認している。
　学校推薦による採用者は、技術系の採用者の9割以上にのぼっている。
　次に、自由応募のエンジニア系についてみると、自由応募の学生は、A社のホームページに開設されている採用に関するページでエントリーし、適性検査を受ける。適性検査の合格者はグループ面接に参加してスクリーニングを受けた上で、その合格者が次の面接段階に進む。エンジニア系の自由応募者は、上記のグループ面接に合格すれば、前記の学校推薦者と同様の選考過程を経て内々定を取得することになる。
　応募した学生全体でみると、ここ数年、コミュニケーション能力やストレス耐性が落ちていると感じている、とのことであった。
　事務系の採用選考では、人物面をより重視する。また、大学の成績では計れないものもあるため、学校名及び大学の成績も不問にしている。特定の職種に適しているかどうかを確認して採否を決定するべきだと考えているが、現在はそこまでは出来ていないという課題意識をもっている。

就業体験の提供という目的で理系学生を対象にインターンシップを実施しているが、採用に直結するものではない。実際そういう事例はほとんどない。インターンシップに参加する学生には寮と旅費等を提供し、昼食代等を支給している。インターンシップの期間は2〜3週間で年間約200人を受け入れている。受け入れの学生については、インターネットを通じて募集し、書類選考で決定している。

(2) グローバル人材

A社は、2011年6月、「グローバル人材マネジメント戦略」を策定した。これは、短期的には2010年度に過去最高の43％となった海外売上高比率を2012年度には50％超に高める目標を達成するためであり、中長期的には海外売上高比率を一層高める事業のグローバル展開を加速するためである。A社の得意とするインフラの海外需要は今後高まるものと予想している。

グローバル人材マネジメント戦略には、以下の4つがある。第1に、A社グループ企業全社員のグローバル人材データベースを構築し、「グループ・グローバル人材の可視化」と「人的リソース配分などのマクロ経営数値の把握」を行うことを可能とする。第2に、人材育成・登用・処遇のグループ・グローバル共通基盤として全マネージャー以上の職務についてグローバルグレーディング制度を構築し、グループ全体の人事異動のさらなる活性化や、地域・役員・職種等に応じた適切な処遇決定を可能にする。第3に、地域・事業の特性に応じた最適な人材マネジメントスキームを構築し、グローバルレベルの各地域（北米、欧州、中国、インドなど11地域）に精通した人材を育成する。第4に、国内人材のグローバル化施策の推進として、グローバル事業展開を牽引する「グローバル要員」の採用であり、2012年度の場合、事務系の全員（150人）と、技術系の50％（300人）を採用する計画である。それだけではなく、外国人の採用活動の強化（全採用者の10％）と海外大学の日本人留学生の積極的な採用を行っていく。また、若手社員の海外派遣を強化して、2011年度から2年間、従来の10倍以上の規模となる2,000人の若手社員を、新興国を中心とする海外の工場や顧客先、語学学校等に、1〜3ヵ月程度派遣している。さらに、実践型経営研修を全面改定して、2011年度より「グローバル」「リーダーシップ」「成長戦略」にフォーカスしたものとし、2,400人を受講させた。

A社は、このような「グローバル人材マネジメント戦略」を通じて、「国内であろうと、海外であろうと、場所にとらわれず、どこでも活躍できる人材」であるグローバル人材を確保・育成していくことにしている。

2. 日本企業B社 （ヒアリング調査日―2012年5月10日）

同社の従業員数は、2011年3月31日現在、約41,000人、平均年齢44.6歳、勤続年数22.9年である。従業員の性別構成は、男性8割、女性2割である。なお、連結ベースの従業員数は約367,000人である。

同社は、「世界を舞台に、何事にも挑戦し続ける姿勢と、『世界を動かしてみせる』という"熱い思い"にあふれた、未来の"Global Challenger"」という人材像を掲げて、採用と人材育成を行っている。人材像は、高い志（グローバルマインド、情熱、向上心、誠実さ）、尖った強み（自分の軸、専門能力、コミュニケーション力）、やり抜く力（粘り強さ、泥臭さ、行動力）という3つの要素を持つ者と考えられている。このような人材像にマッチした人を採用しているが、その採用プロセスについて具体的にみることにする。

(1) 採用

同社の採用は事務系（文系・理系）職種と技術系（理系）職種に分かれる。全採用者数は、2011年が290人であり、2012年は350人の予定である。そのうち、技術系290人、事務系60人と、技術系が全採用者の約83％を占めている。また、技術系の場合、そのほとんどが修士以上の学歴を持っている。また、採用は、4月、5月、6月、9月の年4回行っているが、4月の採用が採用予定の9割を占めている。そのほかの月では、自由応募者を採用しているが、9月は特に海外留学者の採用を中心に行っている。

技術系を中心に採用選考について具体的にみてみる。採用選考は、大きく学校推薦と自由応募に分かれるが、採用者数はほぼ同数である。自由応募についてみると、同社のエントリーシートを記入・提出させ、適性検査を行う。1次選考は面接で、人物面を重視して同社の考え方に合う人に絞り込む。次に「事業ドメインマッチング」といわれる、各事業ドメインで専門性を重視した選考を行う。当該ドメインには合わないが、よい人材と思われる応募者に対しては、同社の他の

事業ドメインを紹介し面接を受けるようにする。最終選考では、本社の採用センターが同社の人材像に合っているかどうかを最終的に確認している。選考は「成長性」が重んじられる。1次選考を通過した人が最終的に採用される倍率は約20倍である。なお、学校推薦は、上記の事業ドメインマッチングから始まるが、最終的に採用されるのは半分くらいである。

　以上のような事業ドメインマッチングは、2003年から導入したが、2012年からはそれに加えて全社マッチングをも行っている。その背景には次のようなものがある。第1に、事業ドメインマッチングでは即戦力（専門性）を重視するが、今後、新たな事業を行っていく上で必要な、より広い視野を持った人材（専門技術より発想力や創造力のある人材）を採用する必要がある。第2に、応募者本人が具体的な事業ドメインを選択せず配属を会社の判断にゆだねる場合がある。第3に、特定の事業ドメインに適した応募者が来ずに採用が十分できていない場合があり、全社マッチングを通じて、採用の不足している事業ドメインに配属させる必要がある。

　また、より優秀な人材を採用するためにリクルーターを活用している。毎年12月からセミナーを開催するが、その中で、自社の事業内容・仕事内容を詳細に説明したり、必要に応じて自分の出身校に訪ねて会社説明を行ったりしている。学生に近い年齢の人がリクルーターになっている。セミナー会場費、リクルーターの活動費等はかかっているが、その費用については極端に高いとは認識していない。

(2) グローバル人材

　同社のグローバル人材とは、前記の人材像と同様に、「語学力や留学経験ではなく世界を舞台に何事にも挑戦し続ける姿勢と世界を動かしてみせるという熱い思いを持った人材」である。こうした人材像は2008年から打ち出したが、それは、少子化、高齢化の進展等により国内事業の可能性、フィールドが先細りになる可能性が見える中、海外とりわけ新興国に事業の成長の場を求めていくことが求められていたからである。成長の見込まれる世界の顧客の要望にいかにスピーディに応えるかが肝要であり、その事業を支える担い手であるグローバル人材の役割は一層高まっている。

上記のグローバル人材像は、海外勤務が可能で異文化理解・対応力やコミュニケーション能力があり、さらには広い視野を持って世界を意識するとともに、語学力を持ち合わせた者であるが、そのような人材の確保と育成を積極的に進めていくことが課題であり、今までもそれが進められてきた。その内容を見ると次のとおりである。第1に、前記のとおり、2008年度から採用の段階で同社の人材像そのものがグローバル人材像となっている。第2に、2012年入社者から正式に内定した時点から入社までの期間に英語のe-learningを実施している。第3に、その結果、採用の段階で語学力を採用の合否とはしていないものの、採用者の語学力が急に上がっている。第4に、新入社員の導入教育の際に、外国人講師を招いて英語だけでディスカッションする講義を行っているが、2012年からはその時間を長くしている。それにより、新入社員に対して「自分がいつ海外で英語を使う仕事になってもいいように準備を怠らないように」と促している。第5に、新入社員のトレーニー制度としてグローバルチャレンジトレーニングがある。入社して3年目からはトレーニーとして海外に行かせることを2011年の入社者まで行った。これから、新興国中心にコンシューマー事業を広げていくために、この事業の部門に配属になった者を、最初は国内営業を勉強させ、4、5年目からは順次、出来れば全員を海外に出していきたいと考えている。

　以上のようなグローバル人材はこれからもっと必要となる。それは、仕事そのものが国境をまたがっているからである。ひとつのビジネスをするのも日本で設計をしても、作るのは海外であって、それがまた違う国で売られたりしているからである。結果的にひとつの国では終わらない事業が多くなりつつある。そのため、今後、グローバル人材の採用・育成を強めていくものとみられる。

第3節　韓国の電機産業

1. 韓国企業C社 （ヒアリング調査日―2012年2月9日）

　同社は、1969年創業した。創業以来、白物家電、テレビ、半導体、携帯電話等多岐にわたる事業を展開し、いまや世界的な電機・電子企業に成長し、連結ベースで2011年売上高165兆ウォン、営業利益16.3兆ウォン、純利益13.7兆ウォンを記録した。同社には、映像ディスプレー、ITソリューション、半導体、

ＬＣＤ等 15 のビジネスユニットがある。

　2012 年 2 月現在、従業員数は、国内約 10 万人、海外約 8 万人である。国内従業員の男女比率は男性約 70％、女性約 30％、平均年齢は 32 歳、平均勤続年数は 8 年 2 ヵ月である。
　同社は、「創意的」、「挑戦的」、「グローバル」、「専門的」という 4 つのスペックの人材像にマッチした人の採用・グローバル人材育成を行っている。採用とグローバル人材育成について具体的にみることにする。

(1) 採用
　大卒以上の新卒者の採用は、大きく分けると、公開採用（3 月と 9 月）とインターン採用（5 月、10 月）がある。最近の採用者数は 2007 年約 3,500 人、2008 年約 2,800 人、2009 年約 2,400 人、そして 2010 年約 4,500 人である。高卒・専門学校卒の採用者数はほぼ毎年約 3,700 人である。
　まず、大卒以上の公開採用についてみることにする。応募資格は、大学成績の全学年単位が平均 3.0 点以上（4.5 点満点基準）の者で、語学資格保有者（文系：OPIc [1] Intermediate MID/TOEIC Speaking 6 級、理工系：OPIc Intermediate Low/TOEIC Speaking 5 級）であるが、この資格に達しなければ応募できない [2]。2011 年までは TOEIC であったが、入社者の平均点数は約 800 点であった。応募資格を満たしている応募者は、同社ホームページにアップされている志願書を作成・提出する。同社は、志願書を検討して問題のない者に職務検査（言語力、数理力、推理力、職務常識、状況判断力、職務性格によって問題構成）を受けるようにする。職務検査を通過した者に対しては、役員面接、ＰＴ面接（プレゼンテーションテスト）、討論面接を行う。役員面接は、面接官 4 人と応募者 1 人で進行され、10 分間の人性評価がメインである。引き続き行われるＰＴ面接は、修士以上の者は本人が事前に準備してきた資料で、学士の者は当日与えられた問題を中心に行われる。討論面接は、10 人が一組となって与えられたテーマについて討論を行うとともに、面接官の質問に応答する形で進められる。面接は、職群ごとに実施される。職群は、Ｅ（研究開発職）、Ｍ（営業・マーケッティング職）、Ｔ／Ｆ（技術・設備職）、Ｓ（ソフトウェア職）等に分かれる。

なお、職務検査志願者は約5万人であるが、最終的に採用されるのは約4,200人と競争率は約12倍である。
　同社は、公開採用以外に、インターンシップによる採用（以下、「インターン採用」という）も行っている。インターン採用は、職務検査に合格した応募者が大学4年生の夏休み（10週間）か、3年生の2学期（14週間、「産学インターン」と呼ばれる）に同社の職場で働き、入社に相応しいと判断された人が本採用対象となる。インターン採用のメインは、大学4年生の夏休み（10週間）のインターンであり、インターン採用の約9割を占める。産学インターンは、ソウル大学等12の大学（C社指定学科の在学生対象）と提携して行うもので、同社がインターン生を評価すると、大学がそれを単位として認定している。産学インターンでは、上記の職務検査が免除される。全採用者に占めるインターン採用者数の割合は2010年が2割未満、2011年が約4割であるが、将来的には7～8割まで増やしていきたい方針である。その理由は、職場で直接インターン生の働きぶりを検証することが出来るからである。なお、インターン採用の応募者は、応募の際に、前記した職群を選択して応募し、インターンが終わり、本採用になれば、そのインターンの部署に配属される。
　採用のメイン分野・学科は、今までは電子工学、電算学科、機械工学、科学工学であったが、最近では、ソフトウェア分野の事業拡大により、数学科、統計学科や物理学科等に拡がっている。
　このような公開採用、インターン採用のほかにも、同社の求めに応じて設置した学科の出身者、同社の求める授業の履修者、奨学金受給対象者、マイスター校出身者の採用があるが、これらによる採用者は総計で約400人にのぼる。
　上記のプロセスによって同社に採用される人材は、極めて優秀な人材とみなされる。C社リクルーティングマガジンで2010年採用された人の声を見ると、「入社時あなたまたは周りの反応はどうでしたか」という問いに対して、「夢を見ていたC社！信じられないほど嬉しかった」（48%）、「私より親がもっと喜んだ」（43%）という回答割合であった。本人も周りも「超エリート意識・プライド」を持つことになる。
　また、夏季修練大会というものがある。6月に行われる新入社員の最後の研修である。これは、C社を含めた同社グループ企業の新入社員全員が参加する一種のフェスティバルであり、期間は24時間（2泊3日あるいは1泊2日）である。

同大会は、グループ他社の新入社員との交流が出来てグループとしての一体感を持つこと、会社の役員や高い業績をあげた先輩、指導してくれた先輩等に会い励ましを受けること等の効果をもたらす。ちなみに新入社員が大会の企画や運営等の全てを取り仕切る。

(2) グローバル人材

グローバル人材の育成は、3つにわけることが出来る。

第1に、地域専門家制度である。これは、1990年より優秀な人材を対象に、北米、ヨーロッパ、中国、日本、東南アジア等の全世界に1年間派遣する制度である。海外の現地での多様な経験と生活を通じて、その地域の慣習と文化を習い、同社社員の現地化を図っている。1年間約5万ドルを支給するが、その間仕事上の義務・課題等は与えておらず、現地で自由に1年間を過ごすことになる。派遣前に3ヵ月間同社の「外国語生活館」において外国語等の事前研修を集中的に行う。同制度に基づき、2011年まで約80ヵ国に約4,400人が派遣された。地域専門家制度の対象者となるためには、直近2年間の人事評価4回中2回以上上位20％（「上位考課者」といわれる）に入ること、また、英語のスピーキング力がかなり高い水準[3]であることが求められる。派遣対象者の職位は時期によって異なっていたが、現在は、主任から部長までと広く開かれている。これまでに地域専門家制度で派遣された従業員の2割が女性であったが、今後それを25〜30％に拡大するとともに、言語習得の難しい地域の場合には、派遣期間を2年に延長することも検討される[4]ことになっている。同社は、同制度が事業の海外展開に大きく貢献してきたと高く評価している。

第2に、海外MBA派遣制度であるが、1995年から優秀な人材を対象に海外名門大学ビジネススクールと国内主要大学の経営大学院に2年間派遣して、経営実務知識とグローバル経営を学習するようにしている。同制度による国内外の派遣人数（総数）は、2010年3月まで672人（グループ他社も含む）、そのうち海外大学への派遣者は269人である。

第3に、海外駐在員制度である。海外72ヵ国（201拠点）のSales & Marketingまたは生産法人に派遣し、営業、生産、人事業務等を行うようにしている。派遣期間は短期の場合2年、普通の場合5年である。同駐在員には、上記

の地域専門家制度を活用した従業員がなることが多く、地域専門家制度を通じて習得した言葉、文化・習慣の知識、生活環境、人脈などをそのまま生かすことが出来る。そのため、駐在員の時に業績を上げやすくなり、その結果、会社での昇進・昇格が早まる。

　同社の従業員は、上記のグローバル人材育成制度に極めて前向きである。それは、第1に、海外で実績をあげて昇進の道が開かれる。第2に、派遣中、給料とは別に滞在費が支給されるので、金銭的にもかなり優遇される。第3に、子どもの英語教育や海外体験に寄与する。韓国国内での英語教育（主に塾）にはかなりの費用がかかるが、海外に行くと滞在費から教育費を賄うことが出来るとともに現地生活を通じて実践的な言葉を習得することが出来るからである。

　なお、同社は、全従業員の子どもたちの教育費（小中高の義務教育を除く）を支給している。幼稚園や大学の授業料は日本とほとんど変わらない。返済義務はない。後述のD社も基本的に同様である。

2. 韓国企業D社（ヒアリング調査日―2012年4月10日）

　同社の国内従業員は2011年12月末現在約35,000人を数えるが、そのうち、高卒以下の技能職は8,000～9,000人、その他は大卒以上である。大卒以上の従業員の平均年齢は約36歳、性別では男性83％、女性17％である。

　D社は、次のような人材像を掲げている。①D（社名）Way[5]に対する信念と実行力を備えた人、②夢と情熱をもち世界最高に挑戦する人、③顧客を最優先に考えて絶えず革新する人、④チームワークをなし自律的で創意的に働く人、⑤倦まずに実力を培い正々堂々競争する人という人材像であるが、それにマッチした人を採用して育成していく。

(1) 採用

　最近の大卒以上の採用者数をみると、2007年約1,200人（うち、修士・博士出身500人）、08年約1,900人（800人）、09年約1,900人（800人）、10年約4,000人（1,400人）、11年約4,300人（1,400人）である。そのうち、修士・博士出身は、3～4割を占める。また、中途採用者も全体の2～4割を占めているが、全体として採用人数が多い年には中途採用の割合も高い傾向にある。

定期的に行われる公開採用は3月と9月にある[6]。事業本部・事業部・部署（事業場）に配属することを前提に採用し、実際そう行っている[7]。しかし、入社後は、勤務場所を変える異動も頻繁に行われている。学校（教授）推薦は5～10％に過ぎない[8]が、推薦されても選考過程は一般の採用と同様である。

英語力は、過去には過度に高い水準を求めたときもある。しかし、理工系の場合、仕事上使う英語が限定されているので、最低限の水準（TOEIC 600点以上）を求めている。それによって英語以外で優れた能力のある人を採用することが出来るからである。常時、英語を使って仕事を行う海外マーケッティング部門の場合、入社者のほとんどがTOEIC 900点以上である。

選考課程をみると、書類選考→人性・適性検査→最終書類選考→面接→内定というプロセスである。まず、書類選考の際には、応募者の専攻・学科、成績、同社の求めている専攻分野の単位取得数、部活、技術分野コンテストの公募への応募・入賞経験を重視して採用広告に明示した業務分野の適任者であるかを確認する。人性・適性検査では、言語能力（文章推理、読解力、言語推理能力）、数理能力（資料解釈、推移、創意数理思考能力）を評価する適性検査（90問95分所要）と同社の人材像との適合性（465問80分所要）の確認を行う。しかし、人性・適性検査によって落とされる人は少ない。最終書類選考では、人性・適性検査、自己紹介書等を総合的に評価して応募者の価値観がD社の志向する人材像と一致しているか、また、選択した職務を遂行するのに必要な能力を持っているか、さらには多様な経験を通じて自己開発を行ったのかを総合的に評価して絞り込む。面接では、職務プレゼンテーション[9]、専攻評価、言語能力評価（英語、そのほか、海外マーケッティング等の場合第2外国語も評価）、グループ討議、役員面接を通じて、選考を行う。

公開採用以外にもいくつかの採用ルートがある。

第1に、研究開発部門のみで行われているインターンシップについてみることにする。大きく分けて長期インターンと短期インターンがある。長期インターンは、卒業前の最後の学期に行うものでインターンが大学の単位として認められる。採用を前提にしているので、長期インターンの選抜は公開採用の選考過程と同様である。インターン終了後約8割が採用される。短期インターンは、夏休み・冬休みの約2ヵ月間特定のプロジェクトを手伝うという形で行うものであるが、採

用を前提にするものもあればしないものもある。どれほど採用につながるかは年によって違うため、一概には言えないが、インターンの修了者のおおむね2割にも満たない。こうしたインターンを経て採用される人数は、全採用者数の5～10％の水準である。

　第2に、政府の知識経済部（日本の経済産業省に当たる）からファンドを受けて研究開発に特化したプロジェクトを実施するものとして、「ソウルアコードクラブ」と「IT創意研究課程」がある。「ソウルアコードクラブ」は、2011年からスタートしたものとして特定のプロジェクトテーマを大学ごとに付与して6ヵ月間（4ヵ月学期中、2ヵ月インターンシップ）で遂行するものであり、対象者は学部生の50人程度である。プロジェクトの遂行程度を考慮して採用するが、プロジェクト参加者のおおむね80％が採用される。「IT創意研究課程」は2012年からスタートするものであるが、同社の求めている研究開発の公募に応じ選定された修士課程の学生にソフトに特化したプロジェクトを遂行するようにしている。彼らのほとんども採用されるだろう。

　第3に、同社の採用のメインは依然として公開採用であるが、その他多様なチャンネルを活用して先行投資活用型採用を行っている。現在、教授推薦、電子関係のサークルの優秀な人材、中途採用等のチャンネルを活用している。中長期的には、同社の求める学科や科目を設置し、そこで教育を受ける学生（学部、修士、博士）には奨学金を支給し、卒業後同社に就職することにしている。このような注文型教育・採用は10年前から実施しているが、その間約1,000人が入社した。現在も7大学に130～40人に奨学金を支給している。優秀な人材の採用のために優秀な人材に先行投資をしている。

　このような先行投資活用型採用をするのは、優秀な理工系人材を採用することが難しくなっているからである。その要因としては次のようなことが挙げられる。第1に、韓国では、理工系に進学する学生が絶対的に少なくなっている。首都圏地域の主要大学の理工系定員は過去10年間約15％減ってきている。第2に、D社が採用しようとしている電気・電子工学科関係の学生に対する需要が自動車や化学関係の企業などからも出ている。

　そのほか、優秀な人材を確保するために、次のような会社のPRを行っている。第1に、同社に就職すると、多様な仕事の経験ができる。第2に、グローバル企

業であるので、豊富な海外経験ができる。第3に、人間尊重という組織文化があり、従業員の自主性・自律性が発揮できる。したがって従業員が責任を持って仕事に取り組むことができる。

　ちなみに、大卒の初任給は年収で3,600万ウォンである。賃金は年収を20で割って月給を支払うが、奇数月は1ヵ月分、偶数月は2ヵ月分、そしてお正月とお盆の時にそれぞれ1ヵ月分という形である。そのほか、会社の業績や個人の業績に応じて支払われるボーナスもある。

(2) グローバル人材

　同社では、「グローバル人材」という言葉は使っていない。かつては、「海外人材」という言葉があり、外国語、英語ができる人、海外で学位をとった者を採るということで外国人も含むものであった。ところが、今は、世界80ヵ国に法人を持ち、日常的に海外との関わりがあり、対応能力も上がっていることから、このような人だけを「グローバル人材」という風に言う必要性はないと考えている。しかし、その中でも、核心人材（コア人材）、会社に重要な人材には教育の機会をもっと与え、キャリア管理をしていくが、彼・彼女らは、海外の生活も含め、言語もよくできる人たちである。同社には海外駐在員が約1,200人いるが、彼・彼女らがある意味「グローバル人材」ということになるのではないか。

　上記の「核心人材」（いわゆる幹部候補生）についてより具体的にみると、彼らは会社の未来を担う重要な人材であるが、会社の全体人数が決まると、各部門の役員が当該部門の人数に比例する形で候補者を推薦する。その際、3年間の業績、潜在的な力量を評価して選ぶ。核心人材は、全従業員の1%にも満たない。彼らはプールされており、特別な教育、また、多方面の職務経験が出来るように管理されている。核心人材であるということは基本的に推薦した役員と本人だけが知っている。それにもかかわらず、周りの人々は何となく気づくという。核心人材は、国内だけでなく海外法人にも存在する。彼らはおおむね勤続7～12年の間（課長相当）に選抜されてその後もっと絞り込まれて行く。

　語学力は基本であるという認識がある。韓国学生の語学力は極めて高いからである。理工系の場合、採用要件として最低TOEIC 600点であるが、実際採用される人はそれより高く、意思疎通には問題ない。文系の場合、採用者のほとんど

がTOEIC 900点以上である。国内マーケッティングを行う人でも海外法人とのコミュニケーションをとらなければならないため、語学力が高いのは例外ではない。また、語学力は昇進の際の条件となっているので、採用されてからも上達しようとしている。そういう意味でグローバル人材と特定しなくてもよいほど、従業員のほとんどが英語を使いながら仕事をしているといってよいだろう。

従業員は基本的に海外に行きたがる。特に先進国に行きたがっている。海外勤務者の処遇の原則は「No Gain No Loss」である。すなわち、海外勤務に伴い経済的に得もしなければ損もしない。海外勤務者が得をするというイメージがあるが、それは住宅、車両、子どもたちの学費の全額を会社が支払うからであろう。給料は海外勤務地の現地通貨で支払われるが、物価などを考慮して増額されることもある。

第4節　日韓比較

以上、日韓の電機・電子産業を代表する4社の採用、グローバル人材について考察を行った。ここでは、採用とグローバル人材の比較とともに、それを取り巻く経営環境についても簡単に触れることにより課題を探ってみることにする。

1. 採用とグローバル人材

まず、大卒以上の採用規模は、最近、日韓の間に大きな差がある。日本の場合、A社が2009年度約1,000人から2012年度800人に推移し、B社は2011年290人、2012年は350人の予定である。一方、韓国の場合、C社が2007年3,500人から2010年4,500人、D社が2007年1,200人から2011年4,300人に増やしている。日本の守勢的な採用に比べ、韓国は攻勢的な採用を行っていると言えよう。

また、グローバル人材においては、日本がグローバル人材の試行段階といえば、韓国は実践段階に入ったと言えよう。日本企業A社の場合、2011年「グローバル人材マネジメント戦略」を策定し、戦略的にグローバル人材を増やしていく方針を明らかにした。日本企業B社は、2008年に打ち出した人材像そのものがグローバル人材像とマッチしていることからみられるように採用者にグローバル人材であるという意識をもつように促している。他方、韓国の場合、C社は1990年から海外地域専門家制度を導入し、事業のグローバル化に資するグローバル人

材を育成し、それを生かす形で海外駐在員制度を組み立てるとともにそこで実績を上げる者を社内で重用している。2012年からは採用でもスピーキングを重視するように転換した。D社は、事業の海外展開に合わせる形でグローバル人材を育ててきており、採用者の中で、TOEIC 900点以上の者が少なくない。

　このようなグローバル人材に対する日韓の考え方の相違は、売上高に占める輸出の割合をみるとうなずける。日本企業A社は、2002年、売上高に占める輸出の割合が32％であったが、次第にその比率を高めて2011年43％に達した。2012年度はその割合を50％に上げるために、2011年グローバル人材戦略を策定し実行している。日本企業B社は、2000年代初頭その割合を徐々に上げて2004年53.5％とピークに達したが、その後、減少傾向にあり50％を下回っている。一方、韓国企業は、売上高に占める輸出の割合は極めて高い。特に、C社の場合、2001年67.5％からほぼ毎年増加し続けて、2011年には86％までに達した。D社は、2004年79.4％とピークに達した後、増減を繰り返して70％台にある（図6－1）。

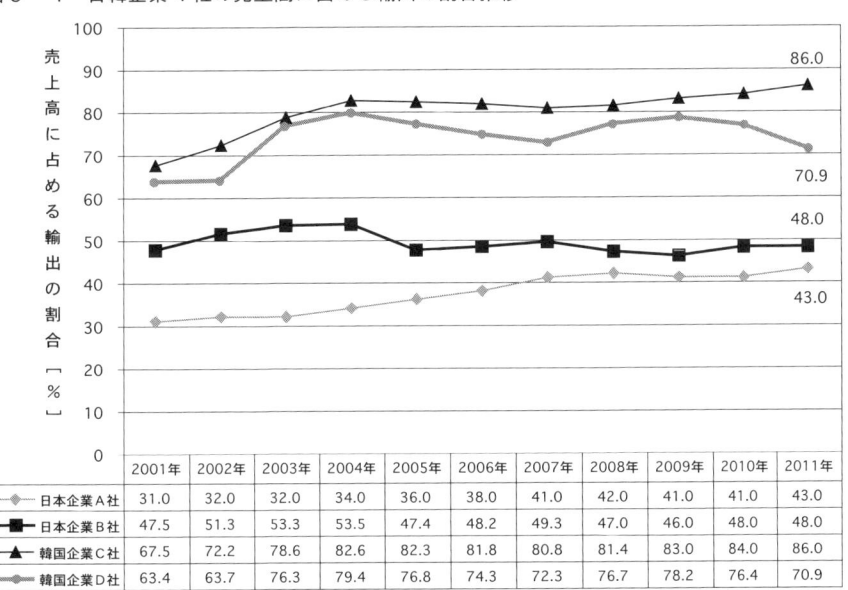

図6－1　日韓企業4社の売上高に占める輸出の割合推移

	2001年	2002年	2003年	2004年	2005年	2006年	2007年	2008年	2009年	2010年	2011年
日本企業A社	31.0	32.0	32.0	34.0	36.0	38.0	41.0	42.0	41.0	41.0	43.0
日本企業B社	47.5	51.3	53.5	54.0	47.4	48.2	49.3	47.0	46.0	48.0	48.0
韓国企業C社	67.5	72.2	78.6	82.6	82.3	81.8	80.8	81.4	83.0	84.0	86.0
韓国企業D社	63.4	63.7	76.3	79.4	76.8	74.3	72.3	76.7	78.2	76.4	70.9

出所：各社ホームページ。特にマニュアルレポート。
注：日本の場合、年尾基準は3月期と前年の4月から翌年の3月までである。韓国の場合、当該年の1月から12月までである。

2. 経営環境と収益性

　日本企業は、2000年代、売上高を微増させ続けたが、リーマンショックの影響で2009年から売上高を減らした。図6−2には出ていないが、2012年3月期の売上高は、A社とB社それぞれ9.6兆円と8.0兆円であり、また、過去10年間の売上高については、両社に僅差はあるものの、ほぼ横ばいである。

　一方、韓国企業は成長し続けている。特に、C社の成長ぶりは著しく、売上高が2001年32.3兆ウォンからほぼ毎年前年を上回り、2011年120.8兆ウォンを記録した。その間、約4倍成長したのである。D社は、C社には大きく及ばないが、2002年17.1兆ウォンから2011年28.1兆ウォンと64％増加している。基本的にリーマンショック後売上高が伸び悩んでいる（図6−2）。

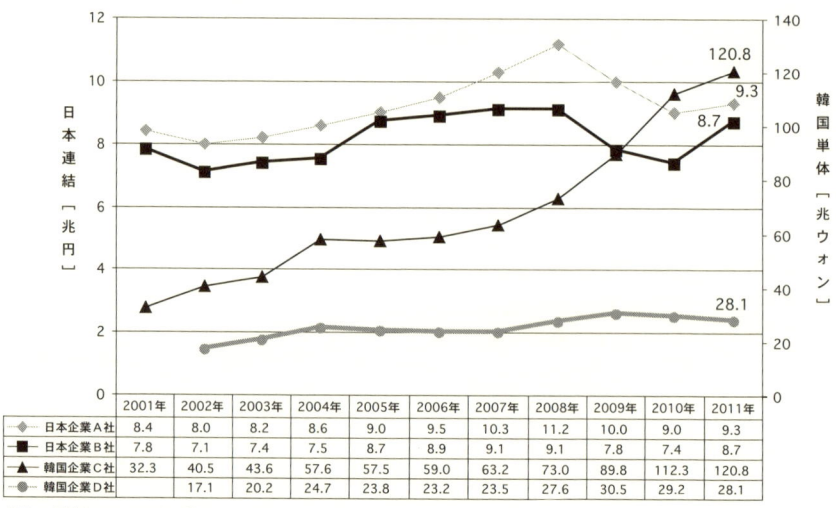

図6−2　日韓企業4社の売上高推移

	2001年	2002年	2003年	2004年	2005年	2006年	2007年	2008年	2009年	2010年	2011年
日本企業A社	8.4	8.0	8.2	8.6	9.0	9.5	10.3	11.2	10.0	9.0	9.3
日本企業B社	7.8	7.1	7.4	7.5	8.7	8.9	9.1	9.1	7.8	7.4	8.7
韓国企業C社	32.3	40.5	43.6	57.6	57.5	59.0	63.2	73.0	89.8	112.3	120.8
韓国企業D社		17.1	20.2	24.7	23.8	23.2	23.5	27.6	30.5	29.2	28.1

出所：各社ホームページ。特にマニュアルレポート。

　対売上高営業利益率を見ると、C社だけが飛びぬけて高い。特に、2002年から3年間、その率は、18.8％、16.5％、20.9％と驚異的な数値を記録した。その後、毎年増減しているものの、高い水準を保っている。一方、日本企業A社、日本企業B社、韓国企業D社の対売上高利益率は、最高でも6％に及ばない。過去10年、3社とも損失を出したことがある（図6−3）。

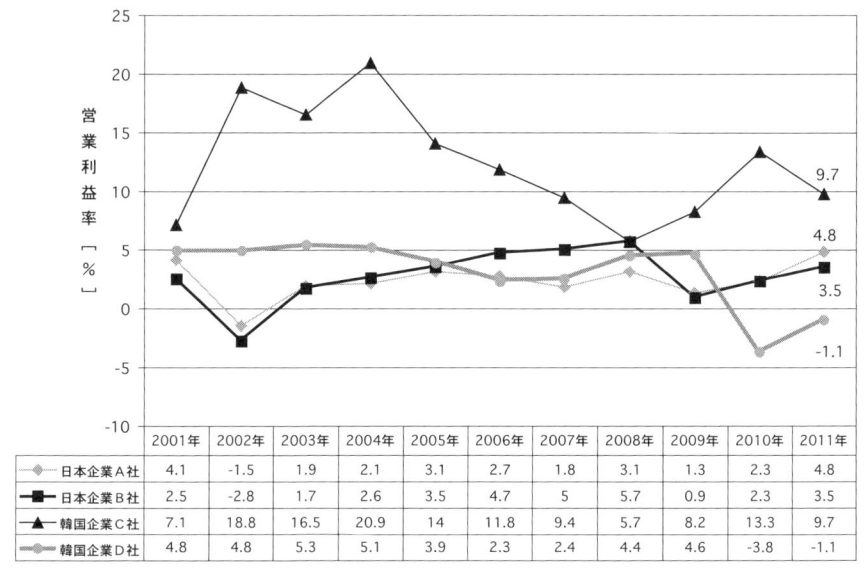

図6－3　日韓企業4社の営業利益率の推移

	2001年	2002年	2003年	2004年	2005年	2006年	2007年	2008年	2009年	2010年	2011年
日本企業A社	4.1	-1.5	1.9	2.1	3.1	2.7	1.8	3.1	1.3	2.3	4.8
日本企業B社	2.5	-2.8	1.7	2.6	3.5	4.7	5	5.7	0.9	2.3	3.5
韓国企業C社	7.1	18.8	16.5	20.9	14	11.8	9.4	5.7	8.2	13.3	9.7
韓国企業D社	4.8	4.8	5.3	5.1	3.9	2.3	2.4	4.4	4.6	-3.8	-1.1

出所：各社ホームページ。特にマニュアルレポート。

　過去10年間の営業利益率の年平均は、日本企業A社2.16％、日本企業B社2.69％、韓国企業C社12.03％、そして韓国企業D社2.97％であった。C社がとびぬけて高い。

　以上、売上高と輸出の割合で見ると、日本の場合、内需と輸出がそれぞれ半々と「内外双軸経営」を行っているが、韓国の場合、内需と輸出の比率は、前者が14％～30％と、後者が圧倒的な割合を占めており、「輸出主軸経営」を行っていると言えよう。「内外双軸経営」では、国内や海外の一方の経済状況に大きく左右されない均衡のとれた経営を行うことが出来るが、「輸出主軸経営」では世界経済状況に大きく依存する。過去10年間、4社の経営を見る限り、最も輸出主軸経営を行った韓国企業C社が最高の売上高・利益を上げた。人材の面に限って言えば、地域専門家制度を通じていち早くグローバル人材を育てて事業の海外展開足場を固め、韓国内の最優秀人材確保という独歩的な採用で一層の海外展開を進めているとみられる。

内需と輸出がそれぞれ半々とバランスのとれた日本の2社であるが、急速なグローバル化により、必ずしもよい経営環境であるとは言えない。内需用の製品開発・販売によりあげた利益をばねに海外展開に打って出ることが理想的な事業戦略かもしれないが、全体的に内需が伸び悩む上、熾烈な国内競争の中で高利益を出すことは至難の業であるという側面があるからである。と同時に、内需用の製品開発のグローバル市場用への切り替えにはスピーディに対応し、また、大規模の海外市場開拓に巨額の資金を投入しなければならないが、必ずしも成功したとは言えない。このような経営環境の中で、資源を特定の分野に集中して競争力を高めていくことが重要であるが、日本企業A社の場合、いち早くインフラ事業に資源を集中し、比較的に順調な業績をあげている。

韓国企業C社の好調な業績をみる限り、日本の2社は、日本の内需が韓国より大きいとはいうものの、輸出主軸経営への転換が求められている。こうした経営環境に対応していくためには、採用とグローバル人材の確保・育成が何よりも重要となる。

3. 課題・改善点

日韓を代表する4社の採用、グローバル人材について考察してみた。両国は、経済・社会・教育等様々な分野で規模、制度だけではなく慣行も違っているため、単純な比較は意味をなさない。それを前提に4社の考察からえた知見から今後の日本の課題・改善点について述べることにしたい。

まず、日本の採用とグローバル人材についてみてみると、第1に、採用にかなりのマンパワー、時間と費用がかかるのではないかと思われる。国内に限られた優秀な人材の奪い合いになぜあれほどの資源を費やさなければならないのか。しかし、日本企業の一般的な採用方法が新規学卒者の一括採用となっている以上、当該会社だけで解決できる問題ではない。産業界、ひいては日本全体がより本格的な改善策を模索すべきである。

その延長線で、第2に、短期間のインテンシブな採用を通じて、大学・大学院での教育の充実化をより積極的に促すべきであろう。優秀な人材の採用に目を奪われて採用活動を早めると、大学・大学院における優秀な人材の教育機会を奪うのではないかと危惧される。採用活動は、大学・大学院の教育が十分行われるように卒業直前の学期に限定することも1つの選択肢であろう。また、大学・大学院の教育充

実化を図るためにも大学・大学院での成績を採用に積極的に反映する必要がある。

　第3に、日本のインターンシップは、主として学生に職場体験の機会を与えるために行われているが、採用のミスマッチを解消するために使う等一層の効果を上げる必要があるのではないか。

第5節　おわりに

　本稿では、採用とグローバル人材について日韓の電機・電子産業を代表する4社を中心に考察してみた。韓国企業2社とは異なり、日本の場合、終身雇用慣行の根強い中で、採用活動に多額の費用をかけ、また、総額人件費の増加につながる採用には慎重にならざるを得ない。個別企業で見れば合理的な判断であるが、社会全体にみると必ずしもそうとは言えない。企業間の優秀な人材の奪い合いではなく、出来るだけ採用前に優秀な人材を多く輩出するシステムの構築に努める必要があるのではないか。また、そのための方法の1つが出来るだけ採用活動を遅らせて大学・大学院での教育充実化を図ることであり、大学・大学院での成績をより重視することといえよう。その上で、企業も学生も短期間のうちに集中的に採用・就職活動を行い、ミスマッチを最小限にするための方法を工夫すべきであろう。その際に、インターンシップのあり方を再考することも必要であり、韓国の取組みは参考になるだろう。

　グローバル人材については、韓国企業は、国内マーケットが狭いこともあり、いち早く輸出主軸経営に舵を切った。それに役立つ人材育成としてはC社の地域専門家制度をあげることが出来る。D社は、実践的な海外勤務を通じて人材育成を図ってきた。国もグローバル化に対応するために1997年小学校3年から英語教育を導入した。それをきっかけに英語教育熱が一層高まって公共教育だけでなく私的な教育、さらには海外留学をさせてでも親は、子どもたちに英語教育を受けさせている。親の教育費の負担は韓国が日本の約3倍に及ぶ[10]。韓国の企業が採用の段階で優秀なグローバル人材を確保することが出来るのは、このような親の教育に対する負担によるところが大きい。日本においては、子どもの教育費用の負担を親のみが負うことは決して望ましいとは言えない。グローバル人材の育成を国家戦略とするのであれば、それに相応する教育を行っていくことが必要

であり、そのための公的支援をいっそう行うべきであろう。

　韓国の「輸出主軸経営」は、1997年経済危機をきっかけに急速に深まった。経済危機を乗り越えるために、国は企業間のビックディールを主導し、特定の企業に特定の事業を集約化させた[11]。半導体であればサムスン、自動車であれば現代自動車という形である。その結果、グローバル市場で競争できる体力がついたといえよう。

　日本の場合、内需と輸出がそれぞれ半々と均衡のとれた「内外双軸経営」を行っている。しかし、過去10年間をみると、基本的に日本の企業の売上高や利益率は成長しているとは言い難い。全体的に低成長の上、熾烈な競争にさらされて内需の売上高や利益率を上げることが出来ない。その結果、急速に輸出を伸ばすための製品開発や市場開拓に経営資源を集中的に投入することが難しくなっているという側面があるのではないか。いまや、「内外双軸経営」が企業成長の足かせになっているともいえる。それに伴い、グローバル人材の採用や育成が本格化しにくい側面があったとみられる。日本企業は「内外双軸経営」の利点をどう見出すか、あるいは「輸出主軸経営」に舵を切るかという戦略的な選択を迫られている。場合によっては、業界再編も必要となるかもしれない。その選択により、採用のあり方やグローバル人材の確保・育成のあり方も決まるといって過言ではない。それが功を奏するためには、グローバル化における教育システム、教育負担の持ち方等、国や親が負わなければならない責任・負担も小さくはない。そういう意味で、これは、ただ企業だけではなく、国全体の課題であろう。

　本稿がこのような課題の認識と解決の重要性を考える際の小さなヒントにつながることを期待する。

【注】

(1)　OPIcとは、Oral Proficiency Interview-Computerの頭文字として外国語評価の世界的基準である。同テストは、実際生活でどれほど効果的にかつ適切に言葉（英語）を使うことが出来るかを測定する言語評価道具として、韓国には2007年導入されて急速に採用試験に取り入れられている。韓国国内での評価レベルは高い順にAdvanced LOW, Intermediate HIGH, Intermediate MID, Intermediate LOW, Novice HIGH, Novice MID, Novice LOWがある。Intermediate MIDは、日常的な対話だけではなく個人的になれた状況の中で文章を並べて自然と話せる。多様な文章形式や語彙を実験的に使用しようとし、相手が少し配慮してく

れれば長い時間の対話が出来る。このようにスピーキングを重視しているのは、TOIEC900 点以上をとって入社した人も実際英語で話が出来ない事例があったからである。 http://www.opic.or.kr/senior/certi/20P_OPIc_brochureVER.03.pdf
(2) 2011年までは、英語テストに筆記とスピーキング両方のテストがあったが、2012年からは筆記テストを廃止、スピーキングのみにしてスピーキングをより重視している。
(3) 英語圏の国であればOPIcスピーキング2級、ロシア3級、アフリカ4級等と地域によって違いがある。
(4) 2012年4月10日、C社の会長がそのような指示をしたと伝えられている。http://news.hankooki.com/lpage/economy/201204/h2012041021043621500.htm
(5) これは、顧客のための価値創造、人間尊重の経営という経営理念を成し遂げるために正道経営という行動様式に基づき市場で認められながらリードする先導企業になるというD社ビジョンを達成することをいう。
(6) 韓国の学期は、前期が3月～8月、後期が9月～翌年2月である。そのため、卒業も8月か翌年2月にある。しかし、卒業の1～2月前には授業が終わるので、卒業予定の身分で卒業の前に採用される。そのため、3月採用といっても実際は12月～2月に仮採用され、9月採用の場合は6月～8月に採用されることが多いという。
(7) このように特定の事業場を決めて採用するようになったのは2000年頃からである。以前は、一括採用して会社が配属させたが、事業場が、望んだものと異なって入社を辞退するか、入社しても早く辞める人もいたので、今のように変更したという。
(8) 昔は、大学の就職関連部署に何人を推薦してほしいという形であったが、企業の求める人材ではない人が推薦されることがある。そのために、最近は、特定の教授・学科長に対して推薦を求めている。
(9) 学部生は大学でのプロジェクトへの参加内容、修士以上や中途採用の場合、職務に関連した具体的な内容を発表することになる。
(10) 例えば、日本の総務省統計局2011年家計調査（2人以上の世帯）によると、1ヵ月平均消費支出の中で教育費が占める割合は4.1％であった。韓国の場合、統計庁の調査によると、2012年1月～3月の1ヵ月平均で教育費が占める割合は14.2％であった。韓国の教育費の負担が、日本の約3倍である。
(11) 具体的には労働政策研究・研修機構（2004）『韓国のコーポレート・ガバナンス改革と労使関係』を参照。

第7章　電機産業で働く"リケジョ"

労働調査協議会　調査研究員　後藤嘉代

第1節　はじめに

　文部科学省「平成23年度学校基本調査」から専攻分野別の女子学生比率をみると、大学（学部）では理学で25.9％、工学で11.2％、大学院（修士課程）では理学で21.7％、工学で10.4％となっている[1]。近年、理工系学生に占める女子学生の比率は徐々に上昇しているものの、理工系女子学生は依然として数が少なく、彼女たちの就職やその後の仕事についての実態はほとんど明らかにされていない。そこで、本章では、限られたサンプルではあるが、電機総研「若年層からみた電機産業の魅力研究会」が実施した『若年層組合員に関するアンケート調査』（2011年）の回答者から電機産業で働く"リケジョ"（理工系女性）を抽出し、彼女たちの子ども時代から学校生活、就職活動を振り返った上で、現在の仕事に関する意識などについてみることにする。

　主な分析対象は、20代の大学院卒理工系女性（最終学歴が大学院修士課程又は博士課程修了で、かつ、大学院で理工系の研究科に所属していた女性、以下「院卒理工系女性」）94人である。なお、分析にあたっては、院卒理工系女性の特徴を明らかにするため、①20代院卒理工系男性（719人、以下「院卒理工系男性」）、②20代大卒理工系女性（最終学歴が大学卒で、かつ、大学で理工系の学部、学科に所属、90人、以下「大卒理工系女性」）、③20代大卒文系女性（最終学歴が大学卒で、かつ、大学で文系の学部、学科に所属、109人、以下「大卒文系女性」）とともに、現在の仕事に関しては、院卒理工系女性の今後の働き方のモデルとなるであろう④30代以上の院卒理工系女性（66人）との比較を行う。

第2節　電機産業で働く院卒理工系女性

　まず、院卒理工系女性のプロフィールを確認しておこう。職種構成は「開発・設計職」が53.2％、「研究職」が30.9％、これに「SE職」（8.5％）を加えた技術系職種の割合は9割強を占める。院卒理工系男性と比較して、「研究職」が多いのが特徴である。勤務先の企業規模は「1,000人以上」の大企業が9割弱、役職はすべて「一般」であるが、これらは他の20代とほとんど変わらない。また、配偶者の有無は、「いる」が1割程度となっている（表7－1）。

　なお、大学院で専攻していた研究科をみると、理学系が25.6％を占め、院卒理工系男性（8.9％）に比べて多い。男性に比べて理学系専攻者の比率が高いことは、30代以上の院卒理工系とも共通している。また、工学系の専攻は、男性に比べて、電機工学、電子工学が少なく、応用化学・応用理学関係専攻が多い。

表7－1　プロフィール

	平均年齢・歳	平均勤続・年	企画職	一般事務職	営業職	SE職	研究職	開発・設計職	その他職種	未満100人	未満300人	未満1000人	以上1000人	一般	職場のまとめ役・グループリーダー	主任・係長クラス	課長クラス以上	配偶者・いる	回答数
院卒理工系女性	28.1	3.8	1.1	…	…	8.5	30.9	53.2	6.4	…	…	9.6	88.3	100.0	…	…	…	10.6	94
院卒理工系男性	27.8	3.6	3.1	0.3	1.5	9.7	16.6	62.2	6.5	0.1	0.6	7.5	91.5	97.2	0.8	1.8	0.1	21.0	719
大卒理工系女性	26.5	4.3	4.4	2.2	6.7	33.3	4.4	38.9	10.0	1.1	5.6	11.1	82.2	92.2	3.3	4.4	…	15.6	90
大卒文系女性	26.1	3.9	41.3	6.4	33.9	9.2	…	1.8	7.3	…	0.9	10.1	89.0	97.2	…	2.8	…	10.1	109
30代以上の院卒理工系女性	32.7	7.7	6.1	…	1.5	15.2	19.7	53.0	3.0	…	1.5	1.5	97.0	66.7	7.6	25.8	…	43.9	66

注：表には「無回答」を掲載していないため、各設問の回答比率を合計しても100％にはならない。

第3節　子どものころの関心

　院卒理工系女性の子どものころの興味・関心（複数選択）をみると、最も多くあげられているのは、「読書」（56.4％）で、これに「理科の実験」（45.7％）、「図形やパズル」（43.6％）、「絵を描くこと」（43.6％）などが続いている。院卒理工系女性についても、他の女性と同様に「絵を描くこと」や「歌を歌ったり楽器を演奏すること」、「おままごとや人形で遊ぶこと」が上位にあげられているが、大

卒文系女性では少ない「理科の実験」や「図形やパズル」が4割強を占め、かつ、これらの比率が院卒理工系男性をやや上回っていることなどが特徴といえる（図8-1）。このように、院卒理工系女性の子どものころの関心は、大卒理工系女性や文系女性と共通している面もみられるが、その後の理工系の選択につながるような実験やパズルなどに関心を持っていた層が一定数含まれていることも確認できる。

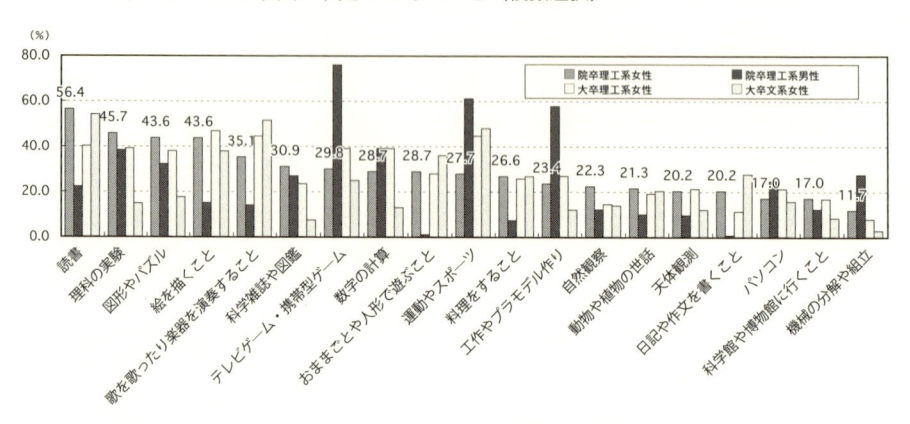

図7-1　子どものころに興味・関心があったこと（複数選択）

注：院卒理工系女性で比率の低かった3項目（SF、ロボットアニメ、自動車や鉄道など乗り物）は掲載していない。

第4節　学校生活

1　高校生のころ

次に、院卒理工系女性の高校から大学院までの進路選択と学校生活についてみてみよう。

院卒理工系女性のうち、普通科高校進学者（85人）の97.6％が「理数系」を選択している。コース選択の理由（複数選択）では、「希望する職業などにふさわしかった」（54.1％）、「得意な教科が多かった」（51.8％）、「興味のある科目が多く履修できる」（45.9％）が多くあげられ、他の20代と比較すると、「希望する職業などにふさわしかった」が多い。

また、高校時代に得意だった教科（3つ以内選択）では、「数学」が68.1％と最も多く、これに「化学」(45.7％)、「物理」(33.0％) が続いている。院卒理工系男性、大卒理工系女性に比べて「化学」の比率が高いのが特徴である。

2　大学生のころ

進学先の大学を選ぶ際に重視したこと（複数選択）をみると、「専攻したい学問分野がある」が68.1％と最も多く、これに「将来つきたい職業にふさわしい内容」(39.4％) や「自分の学力にふさわしい」(37.2％) が4割弱で続いており、これらは概ね院卒理工系男性とも共通している。また、院卒理工系女性は「授業料が安い」が36.2％を占め、他の20代に比べて多くなっている（図8－2）。

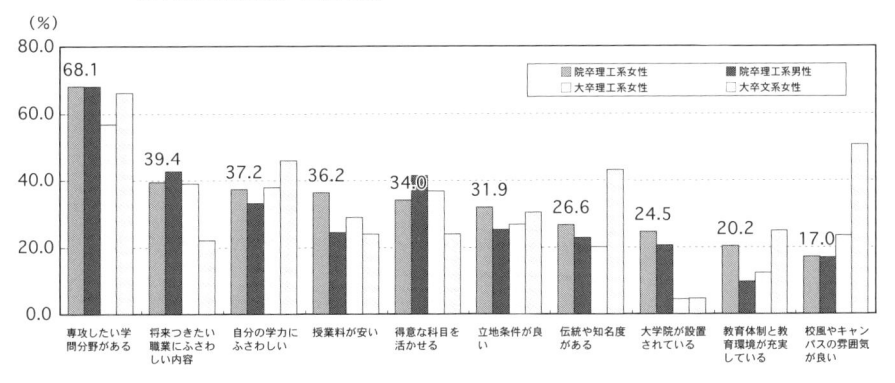

図7－2　大学、学部、学科を選択する際の重視項目（複数選択）
　　　　－院卒理工系女性、上位項目－

項目	院卒理工系女性
専攻したい学問分野がある	68.1
将来つきたい職業にふさわしい内容	39.4
自分の学力にふさわしい	37.2
授業料が安い	36.2
得意な科目を活かせる	34.0
立地条件が良い	31.9
伝統や知名度がある	26.6
大学院が設置されている	24.5
教育体制と教育環境が充実している	20.2
校風やキャンパスの雰囲気が良い	17.0

進学した学科の内容やカリキュラムに対する興味については、院卒理工系では男女を問わず＜興味が持てた＞（「興味が持てた」と「ある程度興味が持てた」の合計）が9割前後を占める。また、より明確に「興味が持てた」と回答した割合は院卒理工系女性 (56.4％) が最も多く、院卒理工系男性 (38.9％) や大卒理工系女子 (32.2％) を大きく上回る。

院卒理工系女性は大学在学中の専攻・専門科目の学習活動についても43.6％が「積極的に取り組んだ」としており、「ある程度積極的に取り組んだ」を合わ

せた比率は9割に達している。部活動・サークルについては他の20代同様、6割程度が参加しており、また、学生時代のアルバイトについては、大卒理工系女性に比べると少ないものの、「積極的に取り組んだ」がほぼ4割を占め、院卒理工系男性を上回っている。ただし、海外留学・海外語学研修を経験した割合（1年未満、1年以上を含む）については、7.4％と少ない（表7－2）。

表7－2　大学生活

	専攻・専門の学習活動				部活動・サークル				アルバイト				海外経験			回答数
	積極的に取り組んだ	ある程度積極的に取り組んだ	あまり積極的に取り組んでいない	積極的に取り組んでいない	積極的に参加	ある程度参加	あまり参加していない	参加していない	積極的に取り組んだ	ある程度積極的に取り組んだ	あまり積極的に取り組んでいない	やっていない	経験した、1年未満	経験した、1年以上	経験していない	
院卒理工系女性	43.6	46.8	6.4	2.1	31.9	28.7	13.8	24.5	39.4	37.2	14.9	7.4	5.3	2.1	91.5	94
院卒理工系男性	35.2	44.1	17.8	2.5	34.4	21.3	12.9	31.2	30.0	35.2	25.2	9.3	5.4	0.6	93.7	719
大卒理工系女性	26.7	47.8	21.1	4.4	34.4	24.4	17.8	23.3	47.8	37.8	5.6	8.9	10.0	3.3	86.7	90
大卒文系女性	38.5	44.0	15.6	1.8	44.0	20.2	16.5	19.3	50.5	34.9	13.8	0.9	26.6	6.4	67.0	109

注：表には「無回答」を掲載していないため、各設問の回答比率を合計しても100％にはならない。

3　大学院生のころ

　大学院に進学した理由（複数選択）は「専門的な研究を深めたかった」（66.0％）が最も多く、これに「進学した方が就職に有利だから」（40.4％）、「進学して専門職を目指したかった」（29.8％）、「進学するのが当然の雰囲気だった」（25.5％）などが続いている。「専門的な研究を深めたかった」が7割弱と最も多い点は院卒理工系男性と共通しているが、女性は男性に比べて「進学した方が就職に有利だから」が少なく、「進学して専門職を目指したかった」、「進学して研究者を目指したかった」が多くなっており、同じ院卒理工系でも女性の方が就職そのものではなく、就職後のキャリアを意識している割合が多いといえる。

　また、大学院進学の際に心配していたこと（複数選択）では、「自分が研究をやっていけるか」（44.7％）が最も多く、これに「学費や生活費など経済的な問題」（26.6％）、「専攻で充実した研究ができるか」（24.5％）、「専攻が自分に合っているか」（24.5％）が2割台で続いている。また、「自分が研究をやっていけるか」で17ポイント、「専攻が自分に合っているか」で6ポイント院卒理工系男性を上回っており、男性に比べ、研究内容や専攻そのものへの不安を持っていた割合が多いことがわかる。

大学院で専攻した内容に対しては、94.7％が＜興味が持てた＞（「興味が持てた」と「ある程度興味が持てた」の合計）と回答しており、院卒理工系男性とほとんど変わらない。また、大学院での研究活動への取り組み度合いをみると、「積極的に取り組んだ」が54.3％、これに「ある程度積極的に取り組んだ」（38.3％）を合わせると9割強に及んでいる。

第5節　就職活動

　院卒理工系女性の学校生活を振り返ると、専攻した分野の学習や研究活動を中心により充実した学生生活を送ってきた様子がうかがえるが、大学院修了を前に、彼女たちはどのような就職活動を行ったのだろうか。

　まず、就職活動の方法については、「学校推薦と自由応募を併用して活動」が54.3％、「自由応募のみで活動した」が27.7％と自由応募を経験した割合が8割強を占め、「学校推薦のみで活動した」が13.8％にとどまる。男女ともに、30代以上の院卒理工系と比較して20代で「学校推薦のみ」の比率が少なくなっているが、女性の場合、30代以上でも女性はその割合が少ないため、院卒理工系のなかでも、最も自由応募経験者が多い。

　具体的な就職活動の内容（複数選択）をみると、「会社説明会に参加」が92.6％と最も多く、これに「学内開催の就職関連イベントに参加」（76.6％）、「企業で働くOB・OGの話を聞いた」（55.3％）、「書籍やインターネットで調べた」（54.3％）が続いている。院卒理工系の特徴として、男女ともに「企業で働くOB・OGの話を聞いた」や「企業訪問・職場見学」がそれぞれ4〜5割台を占め、大卒理工系や大卒文系に比べて多いことがあげられる。また、比率は低いが、院卒理工系女性の約4分の1が「インターンシップ」（24.5％）をあげており、院卒理工系男性やその他の20代女性を上回っている。

　就職先を選ぶ際に影響を与えた人（複数選択）では、「学校の担任・ゼミ担当教員等」が38.3％と最も多く、「ゼミや研究室の先輩・OB・OG」（35.1％）、「企業で働いている学校のOB・OG」（33.0％）が上位を占める。「ゼミや研究室の先輩・OB・OG」が多い点は、院卒理工系男性と共通しているが、院卒理工系女性は「学校の担任・ゼミ担当教員等」とともに、「企業で働いている学校のOB・OG」

が他の層に比べて多い。また、約3分の1が「企業で働いている学校のOB・OG」をあげている点は、30代以上の院卒理工系女性とも共通しており、OB・OGとの接触が院卒理工系女性の就職にとって重要であることがうかがえる(図7-3)。

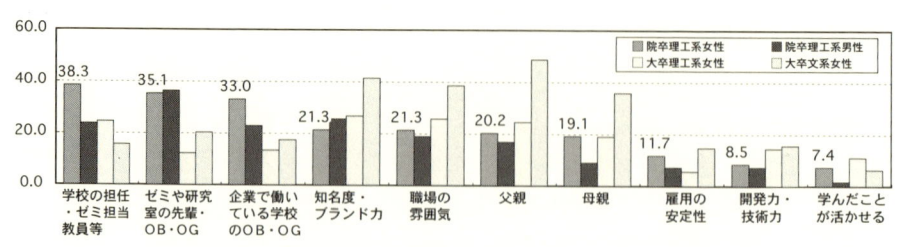

図7-3　就職先を選ぶ際に影響を与えた人（複数選択）
　　　　－院卒理工系女性、上位項目－

項目	院卒理工系女性
学校の担任・ゼミ担当教員等	38.3
ゼミや研究室の先輩・OB・OG	35.1
企業で働いている学校のOB・OG	33.0
知名度・ブランド力	21.3
職場の雰囲気	21.3
父親	20.2
母親	19.1
雇用の安定性	11.7
開発力・技術力	8.5
学んだことが活かせる	7.4

なお、大卒文系女性と比較すると、会社説明会や学内の就職イベントへの参加、書籍やインターネットによる情報収集が主要な就職活動であることは共通しているが、就職先の選択に影響を与えた人では大きく違いがみられる。

また、就職活動の中で会社を選ぶ際の重視項目（複数選択）では、「業種」が64.9％と最も多く、これに「勤務地」(53.2％)、「知名度・ブランド力」(45.7％)、「職場の雰囲気」(45.7％)、「福利厚生」(44.7％)、「企業規模」(40.4％)などが続いている。院卒理工系女性は「業種」や「開発力・技術力」で院卒理工系男性をやや下回るものの、大卒理工系女性や大卒文系女性に比べるとこれらを重視した比率は高い。また、「学んだことが活かせる」(33.0％)でも、大卒理工系女性や大卒文系女性を上回っている。なお、大卒理工系女性、大卒文系女性と比較すると、「職場の雰囲気」や「福利厚生」が上位を占めている点は共通しているが、院卒理工系女性は「雇用の安定性」を重視している割合が他の20代女性に比べて少ないといった特徴もみられる。

他方で、比率はそれほど高くないが、「社会的意義のある仕事ができる」(27.7％)が3割弱を占めており、これは30代も含めて理工系のなかで最も多い(図7-4)。

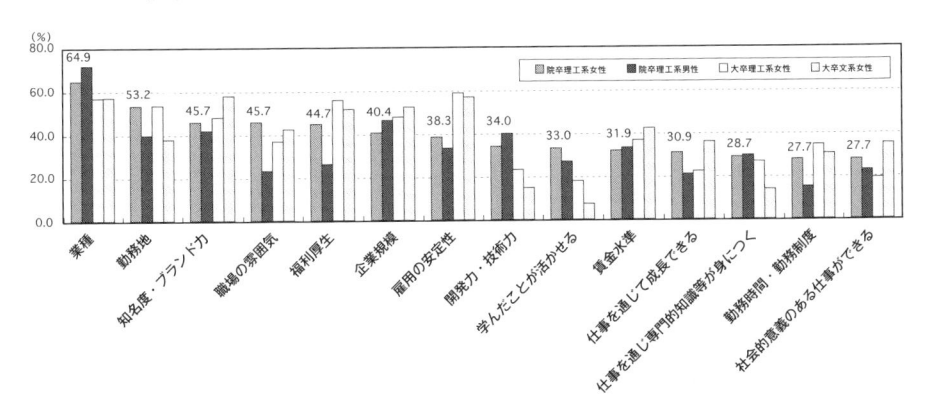

図7-4　就職活動のなかで会社を選ぶ際の重視項目（複数選択）
　　　　－院卒理工系女性、上位項目－

（凡例：院卒理工系女性、院卒理工系男性、大卒理工系女性、大卒文系女性）

項目	院卒理工系女性（％）
業種	64.9
勤務地	53.2
知名度・ブランド力	45.7
職場の雰囲気	45.7
福利厚生	44.7
企業規績	40.4
雇用の安定性	38.3
開発力・技術力	34.0
学んだことが活かせる	33.0
賃金水準	31.9
仕事を通して成長できる	30.9
仕事を通し専門的知識等が身につく	28.7
勤務時間・勤務制度	27.7
社会的意義のある仕事ができる	27.7

第6節　仕事と働き方

　就職活動当時、就職を決めた会社を＜当初から志望していた＞（「当初から第一志望だった」と「当初から志望していたうちの一つ」の合計）割合は、「業界として」が72.3％、「職種として」が73.4％といずれも7割強、「会社として」も57.4％と6割弱を占める。これらの比率は院卒理工系男性を下回るが、大卒理工系女性や大卒文系女性と比べるといずれも比率は高く、院卒理工系女性は、20代女性のなかでは志望通りの就職をした比率が高いといえる。

　現在の会社に入った感想では＜よかった＞（「よかった」と「どちらかといえばよかった」の合計）が95.7％と大半を占め、より明確に「よかった」とする割合も43.6％と20代のなかでは最も多い。また、現在の電機業界が魅力的と思うかという設問に対して、ほぼ6割が＜そう思う（魅力的だと思う）＞（「そう思う」と「ある程度そう思う」の合計）と感じており、仕事を通じた成長実感の有無についても、＜ある（成長実感がある）＞（「かなりある」と「ややある」の合計）が7割強といずれも他の20代と同様、多数を占める。このように院卒理工系女性は、現在の会社や仕事を肯定的に捉え、かつ、積極的に仕事をしているようである。

　以下では、仕事の満足度、能力に対する自己評価、そして、今後の働き方という側面から、彼女たちの仕事に対する意識をみてみよう。

1 仕事の満足度

　仕事の満足度については、①賃金、②労働時間、③福利厚生、④業務量、⑤業務内容、⑥教育・研修制度、⑦職場の人間関係、⑧これまでのキャリア、の8つの領域すべてにおいて＜満足している＞（「満足している」と「ある程度満足している」の合計）が6～8割を占めており、全般的に満足度は高いといえる。

　図7－5のレーダーチャートは、①～⑧それぞれの領域において、各層ごとにどの程度満足しているかを示したものである。図に示している数値は、「満足している」という回答比率に1点、同様に「まあ満足している」に0.5点、「やや不満である」に－0.5点、「不満である」に－1点、無回答に0点を乗じて指数化したものである。グラフは外側にいくほど、満足度が高いことを示しており、指数がより外側にある項目は＜満足している＞人が＜満足していない＞人をより上回っている、一方、指数が内側にある項目はその反対になる。

　それでは、仕事の満足度について①20代理工系（院卒理工系男性、大卒理工系女性）、②30代以上の院卒理工系女性との比較をしてみよう。

図7－5　仕事の満足度

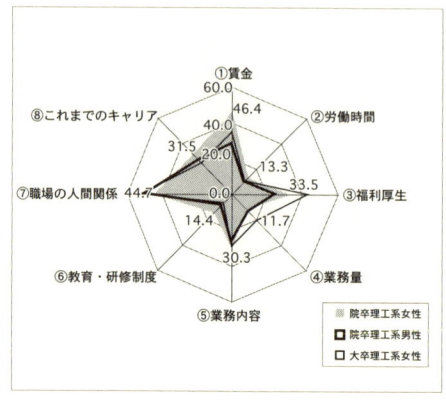

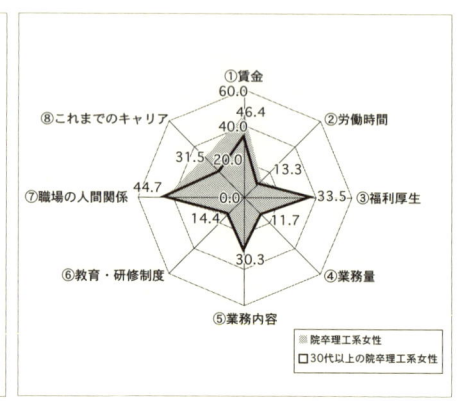

注：指数の範囲は「－100～100」である。

（1）20代理工系との比較

　院卒理工系女性をはじめ、院卒理工系男性、大卒理工系女性のいずれも、各領域で満足度指数はすべてプラスとなっている。

　院卒理工系女性で満足度指数が高い領域として、「賃金」（46.4）、「職場の人間関係」（44.7）、「福利厚生」（33.5）などがあげられる。一方、「業務量」（11.7）、「労働時間」（13.3）、「教育・研修制度」（14.4）などは、値はプラスになっているものの相対的に指数の値は低い。なかでも、「教育・研修制度」は、より明確に「不満である」と回答した割合が1割強を占め、他の項目に比べて多い。

　また、グラフからも明らかではあるが、院卒理工系女性は「賃金」でよりレーダーチャートが外側に突出しており、院卒理工系男性（28.0）、大卒理工系女性（34.4）に比べて満足度が高いことが示されている。また、「これまでのキャリア」や「教育・研修制度」も院卒理工系男性や大卒理工系女性に比べてやや指数は高い。反対に、「業務量」（11.7）については、大卒理工系女性（20.6）を9ポイント下回っている。

（2）30代以上の院卒理工系女性との比較

　30代以上の院卒理工系女性と比較すると、「賃金」、「これまでのキャリア」以外の項目はほぼ同水準となっている。やはり、30代以上と比較しても、20代女性の賃金に対する満足度の高さは明らかである（30代以上の院卒理工系女性の満足度指数は33.3）。

　また、30代以上の院卒理工系女性は、これまでのキャリアに対する満足度指数が19.7と20代に比べて12ポイント低い。同学歴で、かつ、職種もほぼ共通している20代と30代以上との満足度の違いは、20代のなかでは満足度の高い院卒理工系女性も、一定期間の仕事の経験を積むことによって、満足度が相対的に低くなる可能性を示唆しているといえるだろう。

（3）賃金に対する満足度の高さの背景

　以上のように、院卒理工系女性の特徴として賃金に対する満足度の高さが明らかになったが、ここで昨年1年間の税込収入についての設問から院卒理工系女性の収入を同じ学歴を持つ院卒理工系男性と比較してみよう。表8－3は院卒

理工系について男女別に20代後半と30代前半の2つのグループの税込収入額の分布と中央値、平均値を示したものである。まず、25～29歳の中央値は女性422.9万円、男性429.5万円と年収ベースで7万円弱の差であるが、30～34歳層をみると、女性528.6万円に対して、男性567.4万円とその差は約39万円に拡大する。また、30代前半層について収入の分布をみると、600～700万円では男女ともに2割ずつ分布しているが、700万円以上となると、男性は14.9%を占めるが、女性は1.9%とほんのわずかとなる。女性の場合、回答件数が少ないことに留意が必要であるが、上記の結果から、20代後半に比べて30代前半で男女の収入に差が拡がることが想定される[2]。こうした年齢の上昇に伴う男女の収入の差の拡大は30代以上の院卒理工系女性の賃金に対する満足度が20代に比べて低くなっていることの背景の1つとして考えられるだろう。

表7-3　昨年1年間の税込収入

	300万円未満	300-400万円未満	400-500万円未満	500-600万円未満	600-700万円未満	700万円以上	無回答	回答数	中央値（万円）	平均値（万円）
院卒理工系女性	10.0	19.4	31.9	24.4	9.4	4.4	0.6	160	463.7	465.7
25～29歳	13.1	28.3	38.0	18.5	1.1	1.1	…	92	422.9	417.4
30～34歳	3.8	5.6	29.6	38.9	20.4	1.9	…	54	528.6	520.4
院卒理工系男性	5.5	13.2	25.2	26.2	15.0	13.5	1.4	1668	520.6	526.2
25～29歳	11.6	27.0	37.1	19.8	3.2	0.3	1.0	708	429.5	424.5
30～34歳	0.5	3.8	21.1	35.1	22.7	14.9	2.0	639	567.4	575.9

2　能力に対する自己評価

このように、院卒理工系女性は仕事に対する満足度が相対的に高い層といえるが、彼女たちは自分の能力に対してどのような評価をしているのだろうか。図7-6にある仕事に必要な15の能力について、前述の仕事の満足度と同様に、能力を「持っている」という回答比率に1点、同様に「ある程度持っている」に0.5点、「あまり持っていない」に-0.5点、「持っていない」に-1点、無回答に0点を乗じて、指数化した。グラフは外側にいくほど、その層の能力に対する自己評価が高いことを示している。指数がより外側にある項目は＜持っている＞人が＜持っていない＞人をより上回っている、一方、指数が内側にある項目はその反対になる。

それでは、能力に対する自己評価について①20代理工系、②30代以上の院卒

理工系女性との比較をしてみよう。

(1) 20代理工系との比較

　院卒理工系女性は、「円満な人間関係を築く力」(48.4) や「人と協力しながら物事に取り組む力」(46.3)、「自分の感情をコントロールする力」(35.7)、「行動を起こし最後までやりきる力」(35.1) の指数が相対的に高い。一方、「目標に向かい人や集団を引っぱる力」(−14.9)、「現在の仕事に関する専門的知識」(−9.6)、「現在の仕事の遂行に必要な技術など」(−3.2) では、指数はマイナスになっており、これらの能力については＜持っていない＞人が＜持っている人＞を上回っていることがわかる。

　院卒理工系男性と比較すると、「円満な人間関係を築く力」や「人と協力しながら物事に取り組む力」では男性に比べてレーダーチャートは外側に広がっているが、「データや数字をすばやく読み取る力」や「現在の仕事に関する専門的知識」、「論理的に物事を分析・構築する力」では女性の方が指数のポイントは内側に位置しており、院卒理工系男性に比べてこれらの能力に対する自己評価は低くなっている。

　他方で、大卒理工系女性と比較すると「円満な人間関係を築く力」や「人と協力しながら物事に取り組む力」の指数が高い点では共通しているが、ほとんどの能力について院卒理工系女性が大卒理工系女性を上回っている。

(2) 30代以上の院卒理工系女性との比較

　30代以上の院卒理工系女性は20代の院卒理工系女性に比べて全体的にレーダーチャートが囲む領域が外側に広がっており、それぞれの能力について＜持っている＞と評価する割合が多いことがわかる。特に、「現在の仕事に関する専門知識」、「文章の要旨などを的確に理解する力」、「現在の仕事の必要な技術など」、「データや数字をすばやく読み取る力」、「論理的に物事を分析・構築する力」などで20代を大幅に上回る。これらのうち、専門知識やデータの読み取り、論理的な分析・構築力では、20代の院卒理工系女性が同年代の院卒理工系男性を下回っていたが、30代になると男女の差は縮まっており、こうした結果から、院卒理工系女性も一定期間以上の経験を積むことによって業務に必要な能力が身についていると感じるようになることがうかがえる。

150

図7-6　持っている能力

－同年代との比較－

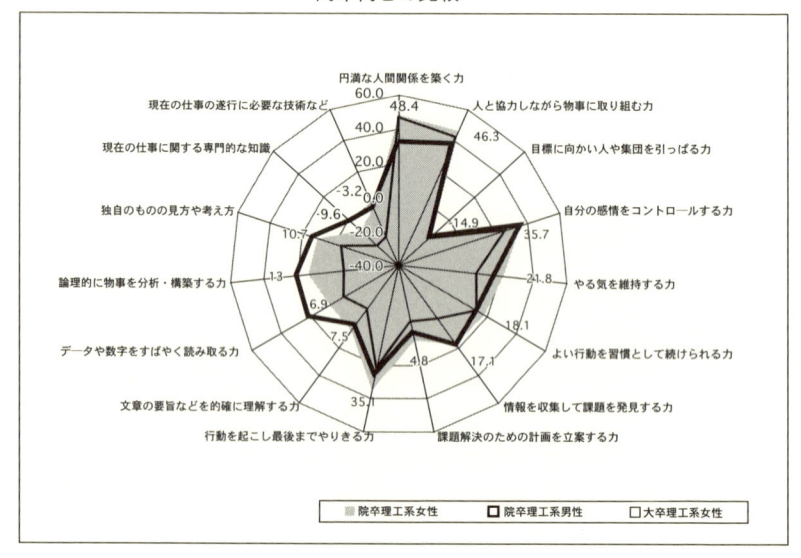

－30代以上の院卒理工系女性との比較－

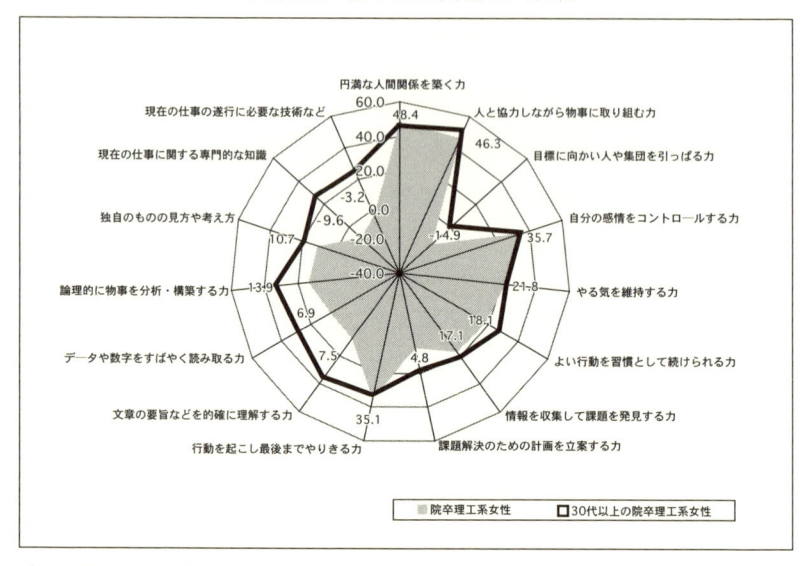

注：指数の範囲は「－100～100」である。

3　今後の働き方

次に、今後の働き方として、「今の会社での就労意思」と「将来希望する働き方」について、①（大卒文系も含めた）20代、また、②30代以上の院卒理工系女性と比較をしてみよう（表7-4）。

（1）20代との比較

今の会社での就労意思については、「定年まで働きたい」が23.4％と院卒理工系男性（32.5％）に比べると9ポイント少ないが、「定年まで」と「10年以上」（23.4％）を合わせた比率は46.8％とほぼ半数を占め、院卒理工系男性と5ポイント程度しか変わらない。また、これらの比率は、大卒理工系女性を9ポイント、大卒文系女性を15ポイント上回っており、同年代の女性と比較すると、院卒理工系女性は比較的長期の勤続を希望している割合が多い。

次に、将来希望する働き方については、「特定領域で高い専門性を獲得したい」が35.1％と多く、「社会や顧客のニーズに応えたい」が28.7％、「新しい事業・製品などを創造したい」が21.3％を占める。院卒理工系男性と比べて、「特定領域で高い専門性を獲得したい」は大きく変わらないが、「組織を束ね会社の経営を行いたい」や「新しい事業・製品などを創造したい」はやや少ない。他方で、「社会や顧客のニーズに応えたい」は院卒理工系男性を約10ポイント上回っている。「社会や顧客のニーズに応えたい」が3割程度を占め、同年代同学歴の男性に比べて多い点は、大卒理工系女性や30代以上の院卒理工系女性とも共通しており、理工系女性の特徴といえるだろう。

（2）30代以上の院卒理工系女性との比較

今の会社での就労意思について、「定年まで」と「10年以上」とを合わせた比率は30代以上の院卒理工系女性も半数弱を占めており、年齢層による違いはみられない。

将来希望する働き方では30代以上の院卒理工系女性と比べて「特定領域で高い専門性を獲得したい」が約20ポイント多い。他方で、30代以上では「組織を束ね会社の経営を行ないたい」も1割を占めている。

表7-4　今後の働き方

	今の会社での就労意思							将来希望する働き方					回答数
	定年まで働き続けたい	10年以上は働き続けたい	5〜10年ぐらいは働き続けたい	3〜5年ぐらいは働き続けたい	1〜3年ぐらいは働き続けたい	機会があればすぐにでも転職したい	わからない・考えたことはない	いずれは会社の経営を行いたい	組織を束ね品などを創造したい	新しい事業・製品などを創造したい	社会や顧客のニーズに応えたい	特定領域で高い専門性を獲得したい	あてはまるものはない	
院卒理工系女性	23.4	23.4	6.4	7.4	11.7	7.4	18.1	6.4	21.3	28.7	35.1	7.4		94
院卒理工系男性	32.5	18.9	12.5	7.0	5.0	4.5	18.5	12.8	26.1	18.1	38.5	3.3		719
大卒理工系女性	21.1	16.7	25.6	7.8	7.8	10.0	10.0	5.6	21.1	26.7	34.4	11.1		90
大卒文系女性	16.5	15.6	23.9	12.8	14.7	6.4	9.2	4.6	13.8	36.7	30.3	13.8		109
30代以上の院卒理工系女性	22.7	22.7	9.1	9.1	7.6	9.1	18.2	10.6	25.8	33.3	15.2	13.6		66

第7節　まとめ

　院卒理工系女性の多くは、現在の会社に就職したことを「よかった」と評価し、電機業界に対する魅力、そして、仕事を通じた「成長」を実感しながら働いている。また、彼女たちの半数程度が比較的長期の勤続を想定していることなどからも、会社や仕事に積極的にコミットし、意欲的に仕事に励む院卒理工系女性の姿が浮かび上がる。そして、現在の仕事に対して、総じて満足している傾向がみられ、とりわけ賃金に対する満足度の高さは同年代のなかでも際立っている。

　しかし、院卒理工系女性の今後に懸念材料がないわけではない。調査からは、彼女たちの今後の働き方のモデルとなる30代以上の院卒理工系女性は20代ほど賃金やキャリアの面で満足度が高くない、という結果が示されている。つまり、今は順風満帆にうつる20代の院卒理工系女性も、一定の経験を積むことによって、仕事に対する意識が変化することもあるのである。また、彼女たちは人間関係の構築に関連するような能力に対しては自己評価が高いものの、データや数字の読み取り、論理的な分析などには自信のなさが垣間みられ、同じ学歴を持つ院卒理工系男性と比べ自己評価が低いという結果もみられている。

　本分析に使用した調査と同時に実施された『採用に関するアンケート調査』（2011年）の「今後採用を増やしたいと考える理工系の学生」という設問の回答では、大企業を中心に多様な理工系人材の獲得にシフトしている傾向がみられ、「理工系女子学生」もそのなかの1つに位置づけられていることがうかがえる。他方で、理工系女子学生にとって、OB・OGは就職先を決める際に影響を与える

存在であり、理工系女子学生を惹きつけるOG（理工系女性）は企業の採用活動という面からも重要な役割を果たしているといえる。

　調査結果をみるかぎり、院卒理工系女性が将来希望する働き方は必ずしも院卒理工系男性のそれとは一致していない。今後、電機産業において、理工系女子学生の採用を増やし、理工系女性人材に期待を寄せるのであれば、現在、企業のなかにいる理工系女性のキャリアをいかに考え、いかに処遇するかを検討する必要があるのではないだろうか。

【注】

(1) なお、大学（学部）の女子学生に占める理学部、工学部の女子学生の比率は6.0％、大学院（修士課程）では、21.1％である。

(2) 電機連合が実施している「賃金実態調査報告」（2011年度）から院卒技術系職種の賃金を男女で比較しても、30代以降、男女間の差が拡大することが確認できる。

第8章　若年層からみた電機産業の魅力
～調査結果からみえてきたこと～

電機連合総合研究企画室　宮崎由佳

第1節　はじめに

　2011年2月に発足した「若年層からみた電機産業の魅力研究会」では、2011年9～12月に「若年層組合員に関するアンケート調査（以下「若年層調査」）」、「採用に関するアンケート調査（以下「採用調査」）」、「上司アンケート調査（以下「上司調査」）」という3種類のアンケート調査を実施した（各調査の対象については表1参照）。

　本稿では、若年層調査から「大卒以上・技術系職種」を対象に、①若年層組合員の電機業界に対するイメージや仕事の現状・満足度、②電機業界に魅力を感じていること（感じていないこと）と仕事への意識・満足度との関係、および③大学・大学院卒業後の進路・就職の状況を分析するとともに、採用調査から④電機業界における採用動向について概観したい。

表8－1　アンケート調査の概要

調査名		調査対象
若年層組合員に関するアンケート調査	電機連合	電機連合直加盟組合（一括加盟構成組合を含む）の研究、開発・設計、SE職などに従事する40歳以下の組合員。なお、比較検討を行うために企画、一般事務、営業職などに従事する組合員も調査対象とした。調査票は、各組合の実在組合員数に応じて配布枚数を割り当て、対象者の選定は各組合に一任した。
	自動車総連	研究、開発・設計、SE職などに従事する35歳以下の組合員。調査対象組合、対象者の選定は、当該産別に一任した。
	情報労連	
採用に関するアンケート調査	電機連合	電機連合直加盟組合（一括加盟構成組合を含む）の企業の採用部門（採用部門がない場合は、人事あるいは総務部）の担当者。
上司アンケート調査		電機連合直加盟組合（一括加盟構成組合を含む）の企業の研究、開発・設計、SE部門で20代の部下がいる部長・課長相当職。

第8章　若年層からみた電機産業の魅力　155

　調査結果をみるまえに、本稿の主な分析対象である大卒以上技術系職種（2,980人）のプロフィールを確認する。

　性別は男性が88.9％、女性が11.0％である。年齢は平均31.1歳で、20代後半（41.9％）が4割、30代前半（34.7％）が3割強を占める。また、最終学歴をみると、「大学院修士課程修了」（58.2％）が6割、「大学卒」（39.8％）が4割となっている。

　対象者の8割強が1,000人以上規模の大企業に勤めている。職種は、「開発・設計職」（65.9％）が全体の約3分の2を占め、「SE職」が19.7％、「研究職」は14.7％である。また、役職では「一般」（74.7％）が多数であるが、30代を中心に「主任・係長クラス」も2割を占める。

第2節　電機業界に対するイメージ、仕事に対する意識・満足度

1．電機業界に対するイメージ
〜「技術力」「製品・サービス」には肯定的イメージ　「利益率」には厳しい評価〜

　電機業界で働く若年層組合員は、電機業界に対してどういったイメージを持っているであろうか。業界に対する12のイメージについて聞いたところ、「優れた製品・サービスを提供している」、「高い技術力を持っている」、や「社会や地域に貢献している」について、約9割が＜そう思う＞と回答した。他方で、「利益率が高い」について＜そう思う＞とする割合は、2割程度に留まり、厳しい見方が示されている。また、「業界の給与水準が高い」や「家庭との調和をとりながら働ける」についても、＜そう思う＞

図8－1　日本の「電機業界」のイメージ
【大卒以上／技術系職種、大卒以上／事務・営業系職種】

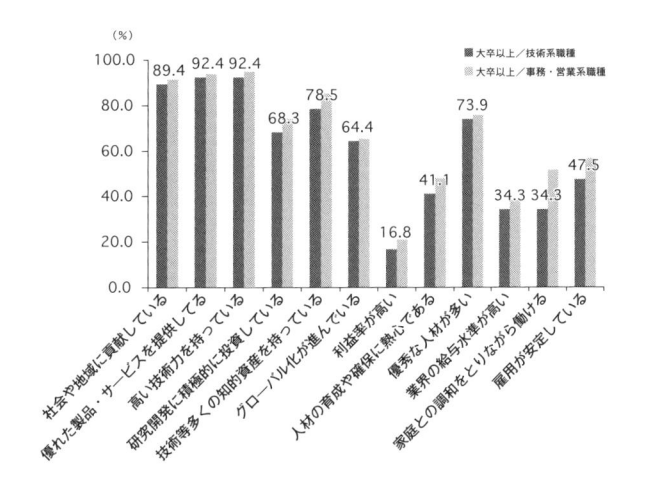

（％）
89.4　92.4　92.4　68.3　78.5　64.4　16.8　41.1　73.9　34.3　34.3　47.5

社会や地域に貢献している／優れた製品・サービスを提供してる／高い技術力を持っている／研究開発に積極的に投資している／技術等多くの知的資産を持っている／グローバル化が進んでいる／利益率が高い／人材の育成や確保に熱心である／優秀な人材が多い／業界の給与水準が高い／家庭との調和をとりながら働ける／雇用が安定している

は4割を下回る。とりわけ、「家庭との調和をとりながら働ける」について＜そう思う＞と回答した大卒以上／技術系職種の割合は34.3％と、大卒以上／事務・営業系職種（51.7％）と比べて17.4ポイントも少なく、技術系職種でより仕事と家庭との調和の実現が難しいことが示唆されている。

2．電機業界における課題 〜多岐にわたる課題〜

　「電機業界」の課題については（15項目の中から3つ以内選択）、「円高等経済変化の影響を受けやすい」（36.5％）、「利益率が低い」（30.6％）、「同業他社との競争が激しい」（26.1％）、「事業のグローバル化への対応が遅い」（25.5％）など市場における電機業界の状況とともに、「製品・サービスの魅力が低下」（23.5％）、「技術力が弱くなっている」（23.0％）や「ブランド力が低下」（20.3％）なども2割程度を占め、これまでの電機業界の強みが失われつつあると感じている若者も少なくない。また、「業界的に長時間労働である」（27.8％）など働き方に関する課題を指摘するものも少なくなく、電機業界の抱える課題が多岐にわたっていると認識されていることがわかる。前記の通り、技術系職種は、「家庭との調和をとりながら働ける」というイメージに対する肯定的な比率が少なかったが、「長時間労働」を課題とする比率も、「大卒以上／営業・事務職種」を10.2ポイント上回っており、この課題が技術系職種においてより深刻であることがうかがわれる。

図8−2　現在の日本の「電機業界」の課題
（大卒以上／技術系職種、大卒以上・営業・事務職）

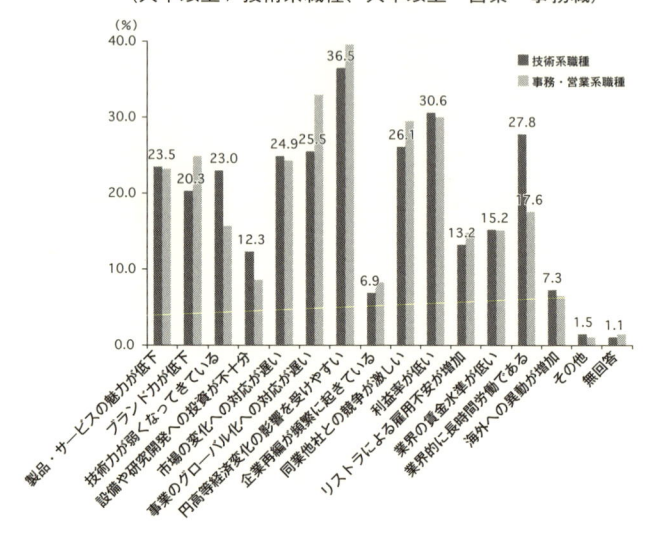

3．仕事の現状
～多様な知識・技術の必要性を感じつつも、結果・成果の反響・手応えを感じられず～

　仕事の現状に関する設問に対しては、「多様な知識・技術が必要な仕事である」は 94.0％、「意義や価値の高い仕事である」についても 79.2％が＜そう思う＞（「そう思う」と「ある程度そう思う」の合計）と回答した。他方、「結果・成果に対する反響や手応えが明確にある」は、＜そう思う＞と＜そう思わない＞に回答が二分されている。こうした結果をみる限り、仕事に「意義や価値」を感じつつも、「結果・成果に対する反響や手応え」が感じられず働いている層が少なからずいることが想定される。また、「一連の仕事をすべて任されている」「自分のやり方で進めることができる」などの割合は年齢が上がるにつれ上昇するのとは対照的に、「意義や価値の高い仕事である」「結果・成果に対する反響や手応えが明確にある」とする割合は、24 歳以下で最も多くなっていることにも留意が必要であろう。

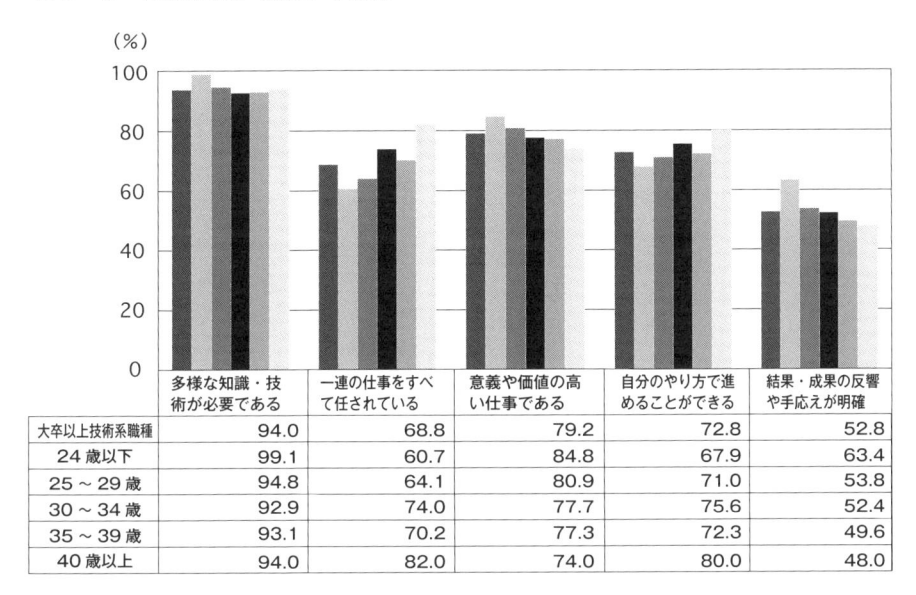

図8－3　仕事の現状（総計、年齢別）

	多様な知識・技術が必要である	一連の仕事をすべて任されている	意義や価値の高い仕事である	自分のやり方で進めることができる	結果・成果の反響や手応えが明確
大卒以上技術系職種	94.0	68.8	79.2	72.8	52.8
24 歳以下	99.1	60.7	84.8	67.9	63.4
25～29 歳	94.8	64.1	80.9	71.0	53.8
30～34 歳	92.9	74.0	77.7	75.6	52.4
35～39 歳	93.1	70.2	77.3	72.3	49.6
40 歳以上	94.0	82.0	74.0	80.0	48.0

4．仕事の満足度
～「職場の人間関係」「福利厚生」で高い満足度　「教育・研修制度」については二分～

　仕事の満足度についてみたところ、「職場の人間関係」については79.5％が、「福利厚生」については70.2％が＜満足している＞（「満足している」と「まあ満足している」の合計）と回答している。他方、「教育・研修制度」について＜満足している＞は、52.1％にとどまり、＜満足していない＞と二分されている（図8－4a）。なお、この「教育・研修制度」は従業員規模により差がみられ、比較的規模の小さい企業において「教育・研修制度」への不満が多いことが示されている（図8－4b）。

　教育・研修制度に関する満足度が相対的に低くなっている点は、上司調査の結果とも整合的であると言える。すなわち、同調査において若手社員の育成方法についての設問では、「とくに改善すべき点はない」は2.8％にとどまり、幅広い課題認識が示されている。その中で最も多かったのは「育成に十分な時間がかけられないこと」（60.8％）であり、これに「配属先で育成方法にバラツキがある」（44.2％）、「育成する側の人材やスキルが不十分」（28.6％）が続いている（図8－4c）。

図8－4a　仕事の満足度（総計、％）

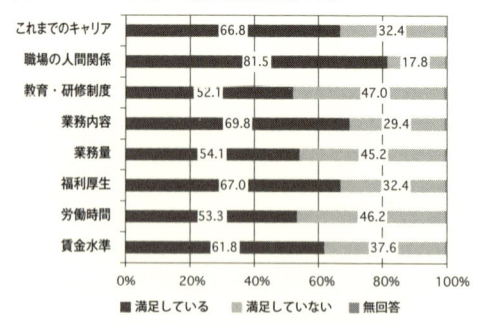

項目	満足している	満足していない	無回答
これまでのキャリア	66.8	32.4	
職場の人間関係	81.5	17.8	
教育・研修制度	52.1	47.0	
業務内容	69.8	29.4	
業務量	54.1	45.2	
福利厚生	67.0	32.4	
労働時間	53.3	46.2	
賃金水準	61.8	37.6	

図8－4b　仕事の満足度（従業員規模別、％）

		満足している	まあ満足している	やや不満である	不満である
従業員規模	1～99人	2.90	17.6	50	29.4
	100～299人	5.2	35.4	38.4	21
	300～999人	5.7	39.5	39	15.8
	1000人以上	9.6	45.3	33.3	11.7

図8－4c　技術系若手社員の育成方法に対する改善点（複数選択、％）

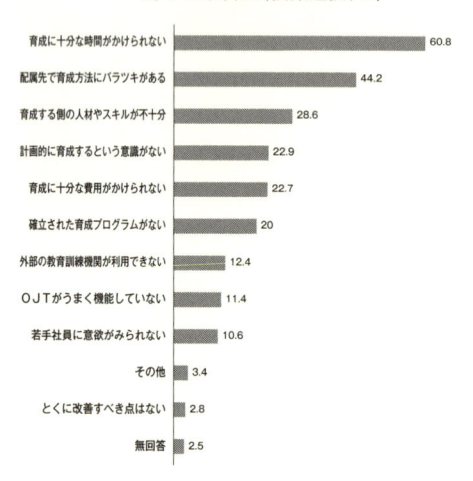

項目	％
育成に十分な時間がかけられない	60.8
配属先で育成方法にバラツキがある	44.2
育成する側の人材やスキルが不十分	28.6
計画的に育成するという意識がない	22.9
育成に十分な費用がかけられない	22.7
確立された育成プログラムがない	20
外部の教育訓練機関が利用できない	12.4
OJTがうまく機能していない	11.4
若手社員に意欲がみられない	10.6
その他	3.4
とくに改善すべき点はない	2.8
無回答	2.5

第3節　電機産業の魅力と若年層の意識・満足度との関係

　電機業界が魅力的かどうかについては、若年層組合員55.3％が＜魅力的である＞（「そう思う」と「ある程度そう思う」の合計）と回答した。以下では、電機産業を魅力的と感じることが、若者の電機業界や仕事に対する意識にどのように影響するのかについて、電機産業を魅力的と感じている・感じていない別に、業界のイメージ、仕事に対する意識、満足度や成長実感についてみていくこととする。

1．業界のイメージ
〜電機業界を魅力的と感じている若者は総じて業界イメージに対して肯定的〜

　電機業界に対するイメージの回答状況をみると、＜魅力的である＞（「魅力的だと思う」と「ある程度魅力的だと思う」の合計）と感じる若年層組合員の回答は＜魅力的ではない＞（「あまり魅力的だと思わない」と「魅力的だと思わない」の合計）と感じる若年層に比べ、総じて肯定的であることがわかる。なお、「研究開発に積極的に投資している」や「人材の育成や確保に熱心である」では、＜魅力的である＞と＜魅力的ではない＞との間で20ポイント以上の差が出ていることが注目される。

図8-5　日本の電機業界に対するイメージ

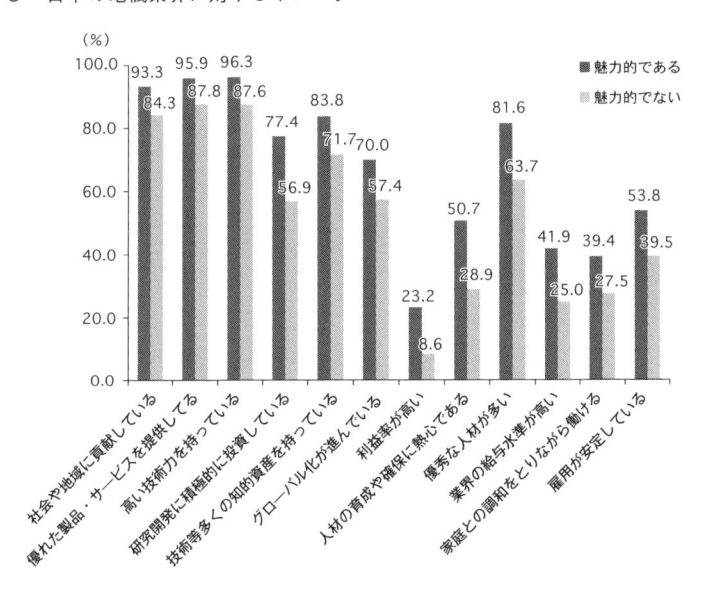

2. 仕事の意識・評価
～＜魅力的でない＞と感じる若者の「仕事の結果・成果に対する反響・手応え」感はより低く～

　仕事に対する意識・評価については、電機業界を魅力的と感じているか否かにかかわらず、90％以上が「多様な知識・技術が必要である」と回答をしている。他方、「結果・成果の反響や手応えが明確である」「意義や価値の高い仕事である」とする割合は、＜魅力的である＞が＜魅力的ではない＞を20ポイント前後上回っており、自らの仕事に対する意義、価値や手応えと電機業界に魅力を感じるか否かとの間には相関がみられる。

図8-6　電機業界の魅力と仕事の現状

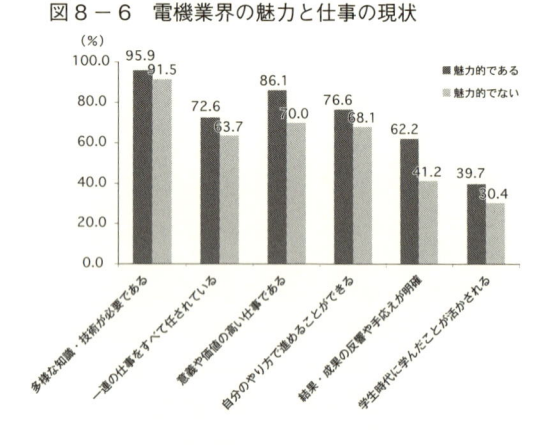

	魅力的である	魅力的でない
多様な知識・技術が必要である	95.9	91.5
一連の仕事をすべて任されている	72.6	63.7
意義や価値の高い仕事である	86.1	70.0
自分のやり方で進めることができる	76.6	68.1
結果・成果の反響や手応えが明確	62.2	41.2
学生時代に学んだことが活かされる	39.7	30.4

3. 仕事の満足度
～魅力的と感じる・感じないで「これまでのキャリア」「賃金水準」に対する満足度に大きな差～

　仕事の満足度についても、＜魅力的である＞とする若年層のそれは、＜魅力的でない＞とする若年層に比べ総じて高いことがわかる。

　続いて、＜魅力的である＞と感じる若年層は「これまでのキャリア」は19.3ポイント、「賃金水準」については18ポイント＜魅力的でない＞と感じる若年層を上回っており、これらの項目では、魅力の感じ方によって満足度に大きく差がみられる。

図8-7　電機業界の魅力と仕事の満足度

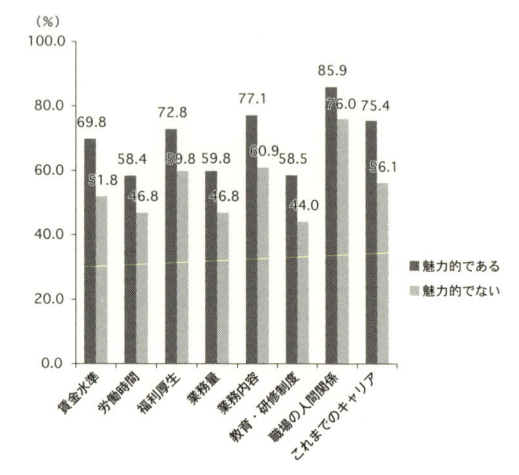

	魅力的である	魅力的でない
賃金水準	69.8	51.8
労働時間	58.4	46.8
福利厚生	72.8	59.8
業務量	59.8	46.8
業務内容	77.1	60.9
教育・研修制度	58.5	44.0
職場の人間関係	85.9	76.0
これまでのキャリア	75.4	56.1

4．成長実感
～業界を魅力的だと思う若者の高い成長実感～

仕事を通じた成長実感については、より明確に「魅力的である」と感じる若者で仕事を通じて成長していると実感している比率が85.3％と多数を占めている。また、＜魅力的である＞と感じているほど仕事を通じた成長を実感している比率は高くなり、魅力と成長実感との間に明確な相関関係があることがわかる。

図8－8　電機業界の魅力と成長実感

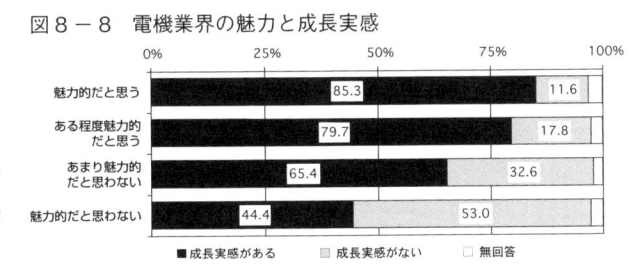

	成長実感がある	成長実感がない	無回答
魅力的だと思う	85.3		11.6
ある程度魅力的だと思う	79.7		17.8
あまり魅力的だと思わない	65.4		32.6
魅力的だと思わない	44.4	53.0	

電機業界を魅力的と感じるか否かと電機業界に対するイメージや仕事に対する意識・満足度とは影響し合っているようだ。また、電機業界が魅力的と感じる者・感じない者との間に意識のギャップが生じている項目、例えば「仕事の結果・成果に対する反響や手応え」、「これまでのキャリア」、「賃金水準」については、当該項目に対する意識・満足度が、電機業界を魅力的と感じるか否かに影響している可能性がある。

第4節　卒業後の進路、就職活動
1．電機産業若手社員の大学、短大卒業の進路
～約6割が「大学院修士課程に進学」～

大学、短大卒業後の進路については、「大学院修士課程に進学した」が59.5％に及んでいる。理工系学生の大学院への進学率が文科系に比べ高いことは一般的に知られているが（文部科学省「平成24年度学校基本調

図8－9　大学、短大卒業後の進路

	大学院修士課程に進学した	就職した	その他	無回答
電機連合	59.5		39.2	
自動車総連	34.7		63.6	
情報労連	27		71.1	

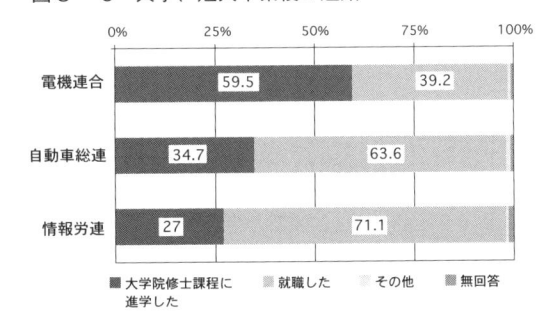

査（速報値）」によると、人文系学部卒者の大学院進学率が8.5％、社会科学系で5.3％であるのに対し、工学系は38.0％、理学系は44.6％である）、電機業界に働く技術系労働者の大学院への進学率は、他の産業と比べても高い水準となっていることがわかる。

2．就職活動のあり方
〜活動方法は分散。年齢層によって就職活動方法に違い〜

就職活動の方法は、「学校推薦のみ」（25.6％）、「学校推薦と自由応募」（42.8％）、「自由応募のみ」（28.2％）と分散している。また、「学校推薦のみ」で活動した割合は年齢層が下がるにつれて少なくなっており、若い層を中心に、技術系職種においても自由公募が定着している状況がうかがわれる。

図8－10　就職活動のあり方

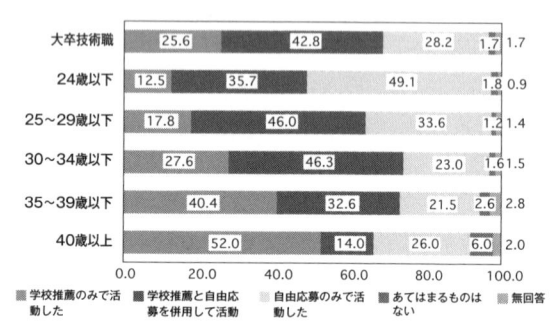

区分	学校推薦のみで活動した	学校推薦と自由応募を併用して活動	自由応募のみで活動	あてはまるものはない	無回答
大卒技術職	25.6	42.8	28.2	1.7	1.7
24歳以下	12.5	35.7	49.1	1.8	0.9
25〜29歳以下	17.8	46.0	33.6	1.2	1.4
30〜34歳以下	27.6	46.3	23.0	1.6	1.5
35〜39歳以下	40.4	32.6	21.5	2.6	2.8
40歳以上	52.0	14.0	26.0	6.0	2.0

3．就職活動当時の志望度
〜6割〜7割の若手社員が「業界」「会社」「職種」とも「当初から志望」〜

就職活動当時「業界」については78.5％が、「職種」は73.4％が、「会社」については60.2％が、＜当初から志望」（「当初から第一志望」と「当初から志望していたうちの一つ」の合計）と回答している。とりわけ、「業界」や「職種」については、より明確に志望していた（「当初から第一志望」）割合も4割を

図8－11　就職活動の志望度

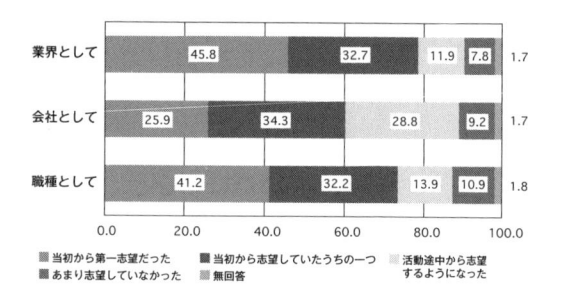

区分	当初から第一志望だった	当初から志望していたうちの一つ	活動途中から志望するようになった	あまり志望していなかった	無回答
業界として	45.8	32.7	11.9	7.8	1.7
会社として	25.9	34.3	28.8	9.2	1.7
職種として	41.2	32.2	13.9	10.9	1.8

超えている。

4．就職活動で会社を選ぶ重視項目
～6割が「業種」を重視。技術系職種では「開発力・技術力」、「学んだことを活かせる」や「仕事を通じ専門的知識等が身につく」も～

就職活動で会社を選ぶ際に重視した項目については、「業種」（66.2％）が最も多く、これに「企業規模」（44.1％）、「知名度・ブランド力」（42.1％）、「勤務地」（40.7％）が続いている。「大卒以上／事務・営業系職種」と比較すると、「大卒以上／技術系職種」においては、「開発力・技術力」（30.4％）、「学んだことが活かせる」（23.3％）や「仕事を通じ専門的知識等が身につく」（23.7％）などを重視している割合が多い点が特徴といえる。

図8－12　就職活動で重視した項目

【技術系職種】	
業種	66.2%
企業規模	44.1%
知名度・ブランド力	42.1%
勤務地	40.7%
雇用の安定性	30.9%
開発力・技術力	30.4%
賃金水準	30.1%
仕事を通じ専門的知識等が身につく	23.7%
学んだことが活かせる	23.3%
福利厚生	23.2%
成長性・将来性	23.1%

【営業・事務職種】	
業種	54.2%
企業規模	50.0%
知名度・ブランド力	49.6%
雇用の安定性	34.3%
賃金水準	33.1%
福利厚生	29.0%
勤務地	28.3%
成長性・将来性	27.5%
仕事を通じて成長できる	23.3%
グローバル・国際性	22.2%
社会的意義のある仕事ができる	21.8%
勤務時間・勤務制度	20.8%
職場の雰囲気	20.6%

注）回答比率が20％未満の項目については掲載していない。

　これまで「若年層調査」より、技術系若年層労働者の卒業後の進路や就職活動についてみてきた。それでは、学生を採る側はどのような活動を行い、またどういった人材を求めているのか。採用調査の結果からみることにする。

第5節　採用活動

1．採用方法

〜学校推薦を行っている企業は半数弱〜

「学校推薦」を「行っている」は46.4％と半数弱を占めるが、「行っていない」(50.3％) も同程度みられ、回答は二分されている。なお、「学校推薦」を「行っている」会社は、従業員規模が大きいほど多く（3000人以上で約8割）、300人未満では2割にとどまる。

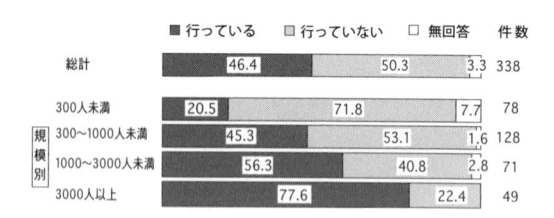

図8－13　採用方法

規模別	行っている	行っていない	無回答	件数
総計	46.4	50.3	3.3	338
300人未満	20.5	71.8	7.7	78
300〜1000人未満	45.3	53.1	1.6	128
1000〜3000人未満	56.3	40.8	2.8	71
3000人以上	77.6	22.4		49

2．学校推薦で提示している推薦基準と学校推薦の課題

〜約6割の企業が「推薦基準は提示していない」。他方で6割が「満足できない学生が推薦される」と指摘〜

上記の通り、採用方法として「自由応募」も一般化しつつあるが、依然として「学校推薦」を採用している企業も半数弱存在する。それでは、学校推薦においてどういった推薦基準が提示されているのであろうか。

回答として最も多かったのは「推薦基準は示していない」(57.3％) であり、これに「大学院・大学院での専攻」(24.8％)、「ヒューマンスキル」(18.5％) が続く（図8－14a）。

他方で、学校推薦の問題点について聞いたところ、「とくに問題はない」は25.5％にとどまる一方、

図8－14a　学校推薦で提示している基準

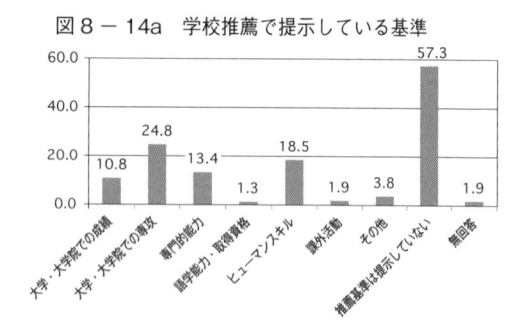

（大学・大学院での成績 10.8、大学・大学院での専攻 24.8、専門的能力 13.4、語学能力・取得資格 1.3、ヒューマンスキル 18.5、課外活動 1.9、その他 3.8、推薦基準は提示していない 57.3、無回答 1.9）

図8－14b　学校推薦の課題

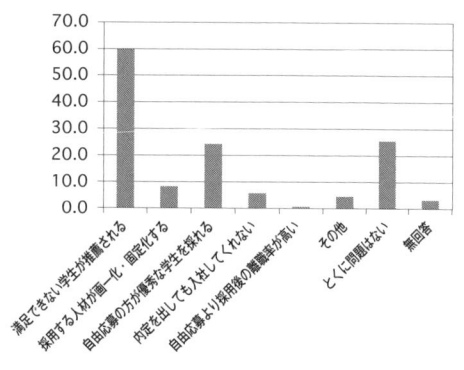

（満足できない学生が推薦される 約60、採用する人材が画一化・固定化する、自由応募の方が優秀な学生を採れる、内定を出しても入社してくれない、自由応募より採用後の離職等が多い、その他、とくに問題はない、無回答）

「満足できない学生が推薦される」が59.9％に及んでいる（図8－14b）。依然として約半数の企業で学校推薦が維持されているのには採用方法としてのメリットがあるからであろうが、調査結果をみる限りその運用には課題があるようだ。

3．採用にあたり重視している点
～「熱意・意欲」「ヒューマンスキル」を重視～

採用にあたり重視している点は、「熱意・意欲」が83.7％と極めて高く、これに「ヒューマンスキル」（66.9％）、「基礎学力・一般常識」（60.1％）が続く。先に示した学校推薦の基準としても、（示されている基準の中で）「ヒューマンスキル」（18.5％）が2番目に多くなっていることとも合致した結果といえるだろう。

図8－15　採用にあたり重視している点

項目	％
熱意・意欲	83.7
ヒューマンスキル	66.9
基礎学力・一般常識	60.1
専門分野の知識・スキルの習得度	50.9
専攻・専門分野・所属研究室	49.7
大学・大学院での成績	23.1
専門分野の研究内容・研究実績	12.4
語学能力	10.9

4．採用選考における重視ポイントの変化
～約8割の企業が重視ポイントに「変化ない」～

採用担当者に対して、この3年間における理工系大学生・大学院生の採用選考の重視ポイントの変化を聞いたところ、8割近くの企業が「変化はない」と答えた。

「変化があった」と回答した企業の、具体的な変化（自由記入意見）を見ると、「グローバル人材、グローバル志向」「ストレス耐性」「コミュニケーション」「ヒューマンスキル」などが多く挙げられている。

図8－16　採用選考における重視ポイントの変化

- 変化はない　79.0％
- 変化があった　10.9％
- わからない　5.9％
- 無回答　4.1％

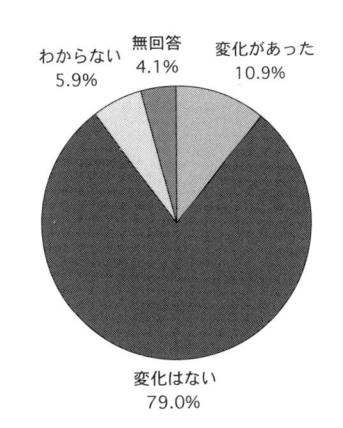

5. 理工系の学生で今後採用を増やしたい学生

～最も増やしたいのは「理工系の大学生」。3000人以上企業では「理工系の女子学生」「海外から留学している理工系学生」など多様化を求める動き～

今後採用を増やしたい学生については、「理工系の大学生」(42.6%)が最も多く、これに「理工系の大学院生・修士課程」(24.0%)などが続く。これを従業員規模別にみると、3000人未満の企業では「理工系の大学生」がもっとも多くなっているが、3000人以上の企業では、「理工系の大学生」とする回答はそれほど多くなく(26.5%)、「理工系女子学生」(40.8%)、「海外から留学している理工系学生」(38.8%)の比率が高くなっている。なお、理工系大学生・院生の近年の採用状況に対する会社の評価についてみてみると、3000人以上の企業においては、「採用の計画をしている人数」は

図8-17a　今後採用を増やしたい学生

項目	%
理工系の大学生	42.6
理工系の大学院生・修士課程	24.0
出身や学歴にはこだわらない	23.4
理工系の女子学生	19.8
海外から留学している理工系学	16.0
高専生	13.0
海外大学在籍の日本人理工系	11.8
自社に少ない専門を持つ理工系学	9.2
海外大学在籍の外国人理工系	6.2
理工系の大学院生・博士課程	3.8
その他	2.7
無回答	6.2

(%)

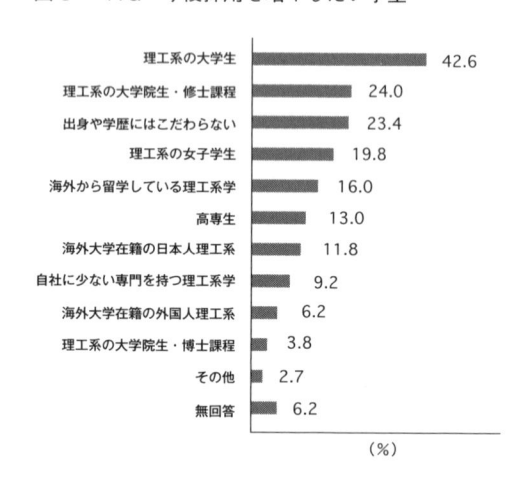

図8-17b　今後増やしたい学生（従業員規模別、％）

		出身や学歴にはこだわらない	理工系の大学生	理工系の大学院生・修士課程	理工系の大学院生・博士課程	自社に少ない専門を持つ理工系学生	理工系の女子学生	海外から留学している理工系学生	海外大学在籍の外国人理工系学生	海外大学在籍の日本人理工系学生	高専生	その他	無回答	件数
	総計	23.4	42.6	24.0	3.8	9.2	19.8	16.0	6.2	11.8	13.0	2.7	6.2	338
規模別	300人未満	21.8	42.3	11.5	1.3	10.3	6.4	2.6	...	3.8	12.8	2.6	16.7	78
	300~1000人未満	27.3	50.8	31.3	4.7	8.6	16.4	9.4	2.3	7.8	9.4	2.3	2.3	12.8
	1000~3000人未満	21.1	38.0	31.0	7.0	5.6	28.2	26.8	8.5	21.1	21.1	4.2	5.6	71
	3000人以上	18.4	26.5	16.3	...	14.3	40.8	38.8	22.4	20.4	8.2	2.0	2.0	49

100％、「求められる能力を持った人材」についても95.9％の企業が＜確保できた＞（「確保できた」と「ある程度確保できた」の合計）と回答している。これらを併せ考慮すると、量・質ともに確保できた大規模企業においては、次なるステップとしての人材の多様性が求められているものと考えられる。

6．グローバル人材採用の重視度

近年「グローバル人材」に注目が寄せられているが、企業は「グローバル人材」をどういった人材として捉えているのだろうか。

まず、採用にあたって「グローバル人材」を重視しているか否かについては、「重視している」が57.7％と過半数を超えた。また、グローバル人材のイメージ（自由記入意見）については、「語学力＋α（チャレンジ精神、広い視野、適応能力など）」、「グローバルな視野、考えを持っていること」などがあげられている。

同様に、職場上司に対して、職場におけるグローバル人材の必要性について聞いたところ（上司調査）、「必要としている」とする回答は7割を超えている。また、必要とする「グローバル人材」のイメージについては、採用担当者と同様、「語学力・コミュニケーション能力・異文化適応力」、「グローバル規模で、マーケット、技術、事業感覚を持っていること」などがあげられている。

これらのことから、グローバル化が進む中で、企業がグローバル人材の必要性・重要性を強く意識していることは明らかである。そして、そこで求められる人材としての「グローバル人材」は、単に語

図8－18a　グローバル人材の重視度（採用調査）

無回答　4.4％
重視していない　37.9％
重視している　57.7％

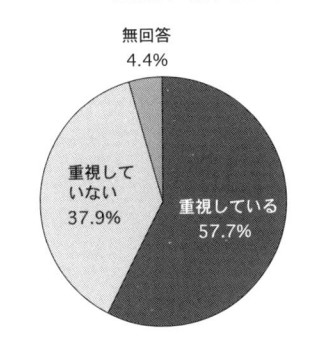

図8－18b　グローバル人材の必要性（職場上司調査）

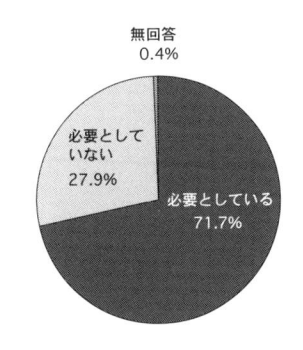

無回答　0.4％
必要としていない　27.9％
必要としている　71.7％

学力というスキルを有することにとどまるものではない。むしろ、国内に限らず、広い視野（グローバルな視野）で事業をみることができ、展開していく力を持つ（あるいは、それに向けて努力できる人材）人材としてイメージしていると言える。

第6節　おわりに

　以上の分析結果から、以下の4点を指摘してまとめとしたい。

　まず、電機業界に対するイメージおよび課題についてである。若年層組合員は「技術力」「製品・サービス」に対して肯定的なイメージを持っている。しかし一方で、2割程度ではあるが、電機業界の強みといえるこれら2項目を業界の課題としても認識していることが注目される。また、円高など電機業界を取り巻く環境要因にとどまらず、各企業の中にも課題（技術・製品力や働き方など）があると認識されている点も看過すべきではないだろう。

　2点目は、若年層組合員の半数近くが「教育・研修制度」に＜満足していない＞と回答している点である。調査結果からその要因自体を特定することはできないが、教育・研修制度のあり方について何らかの課題があることが想定される。なお、仕事の満足度については、「労働時間」や「業務量」についても＜満足していない＞が半数弱を占めており、ゆとりのない職場の実態がうかがわれる。加えて、上司調査においては、技術系若手社員の育成方法の改善点として、「育成に十分な時間がかけられない」が最も多くあげられており、「育成・研修制度」の課題は、単に制度設計にとどまるものではなく、その運用方法や職場環境にもあると言える。

　3点目としては、「電機業界の魅力」と「業界に対するイメージや仕事の満足度」との関係について指摘したい。分析の結果、両者に明確な相関関係が確認された。すなわち、電機業界を魅力的と感じている若年層組合員は総じて業界に対するイメージや仕事に対する満足度が高い。裏を返せば、満足度が高い仕事に従事できているからこそ電機業界を魅力的と感じているとも言える。だとすると、電機業界の課題は、技術力や製品・サービス力を高めるための取り組みに注力するとともに、人の力を引き出す視点で雇用・職場環境を整備して、組合員をはじめとする職場の満足度を高めることが重要である。

最後に指摘すべきは、採用担当者や職場上司のグローバル人材に対するイメージからみえる、企業が求める"人材像"についてである。調査の自由記入欄意見からみえるグローバル人材のイメージは、語学力、コミュニケーション力、海外の文化や生活習慣に対する適応力・理解力に加え、グローバルな規模での事業感覚を持ち、展開できる力を持つ人材であった。これに企業が採用の際に重視するポイント（「熱意・意欲」「ヒューマンスキル」「基礎学力」「専門性」）を併せ読むと、グローバルに市場が拡大する現在において企業が求めるのは、専門性にとどまらない、広い視野や'人間力'を持つ人材ということになる。だとすると、学校教育とのより一層の連携を図るとともに、企業としても長期的な視点で人材を育成していくことが求められる。

【注】
(1) 調査の結果については、電機連合「『若年層からみた電機産業の魅力』研究会調査報告」調査時報397号（2012年）を参照されたい。
(2) 調査では、2～3ヵ月における月平均の所定外労働時間についても聞いているが、技術系職種の平均所定外労働時間は32.4時間と事務・営業系職種に比べて7時間弱長く、月60時間超も1割強に及んでいた。

おわりに

電機連合総合研究企画室

　本書では、研究会で実施した若年層組合員、採用担当者、職場上司に対するアンケート調査、および大学や高校進路指導教諭、日韓企業に対して実施したヒアリング調査に基づき、理工系離れの実態や学校教育・企業における人材育成のあり方などについて、幅広い分析と課題提起が行われている。これらを要約すると、電機産業の競争力を担う「人財」は、企業だけで育てるのではなく、教育プロセスなどを含め、社会全体で生み出していく必要がある、ということになろう。本書タイトル「伸びるエンジニアを生み出す」には、まさにそのメッセージが込められている。

　それでは、電機産業の労使が取り組むべき課題は何か。以下の3点を指摘したい。

1. 日本電機産業の強みである「技術力」の向上にむけて

　アンケート調査によると、電機産業に対する若年層組合員、職場上司のイメージは「高い技術力」が最も多くなった（若年層92.9%、上司91.8%）。また、企業が就職活動中の理工系大学生・院生に対してPRしていることとして最も回答が多かったのも「開発力・技術力」（59.5%）であった。このように、電機産業で働く者にとって日本の電機産業の魅力は、まさに世界に誇る「技術力」であると言える。そして、「技術力」を駆使した製品・商品で社会に貢献することが、日本の電機産業で働く人のモチベーションを支えていると考えられる。では、その「技術力」は将来においても磐石だろうか。

　言うまでもなく日本の電機産業の「技術力」を支えているのはエンジニアであり、エンジニアの「研究・開発力」である。この点に関し、総合電機メーカー8社の研究開発動向をみてみると、売上高対研究開発費の比率はなんとか5～6%

台が維持されているものの、厳しい経営環境の中で実額ベースは減少傾向にある（日本政策投資銀行「岐路に立つ日本のエレクトロニクス産業」（2012年12月20日）参照）。企業業績が向上している時は、その利益を明日の糧として研究・開発費につぎ込むことができるが、企業利益を生み出すことができない時などは、製品開発を行なうに足りる十分な研究・開発費を投じることができないことがうかがわれる。

　また、市場に目を向けると、「技術力」が十分に活かされているとは言えない現状がある。これまでの優れた「技術力」を過信し、多様化する市場ニーズに対応せず、市場価値を創造していく新たな製品・商品の開発に出遅れてしまった結果、海外企業の追随や買収を許してきたと言っても過言ではない。

　日本の再生に向け、成長戦略が叫ばれる今日、電機産業は高い技術力を通じて貢献していかなければならないし、電機産業自身の成長に向けた構造転換も必要である。労使双方が中長期的なビジョンを持ち、日本の電機産業の強みである「技術力」を結集し、どの市場でどのように活かすかを考えた事業展開をすることが求められる。一方、個別の労働組合としても、経営対策の取り組みをさらに強化していくことが求められる。すなわち、人口減少など社会変容を踏まえつつ、国内外市場のポートフォリオや経営指標などを分析する力をつけるとともに、労働組合の強みである、数値には表れてこない職場からの生の声をもって、経営対策の強化につなげていくことが必要である。そして、個々の力を産業全体の力につなげていく取り組みが今後さらに重要になってくると考える。そういった意味で、「技術力」を「自社の技術力」という枠の中だけではなく、「日本の技術力」として捉え育てる仕組み、そして「技術力」を「市場創造力」につなげていく取り組みが、必要ではないだろうか。また、市場や価値観が多様化する現在においては、電機産業の役割や強みを学び、研鑽を積む機会をつくっていくことも重要となろう。

2．電機産業の魅力である「ブランド力」の向上にむけて

　若年層組合員が就職活動の中で企業を選ぶ際に重視したポイントは、「業種」（57.1％）に続き、「企業規模」（43.1％）、「知名度・ブランド力」（43.1％）があ

げられた。

　日本のものづくりの技術力が世界を圧巻してきた 1970 ～ 80 年代、いわば高度成長期の日本において、人々の生活を効率的に、そして楽しくすることを追求した製品・商品を次々とリリースしてきたことは、電機産業が将来的に発展し続けるイメージを社会的に認知させたに違いない。しかしながら、2000 年以降、繰り返される事業構造改革によって、日本の電機産業のイメージは、人員削減や外資系企業を含むアライアンスなどのイメージが先行しており、将来的に安定的な雇用環境を提供する産業として見られなくなってきていることが懸念される。実際、ヒアリングの際に、大学関係者から「リストラに関する新聞記事を、学生は見ていなくても親が見ているので、親が子に対して電機はやめたほうがよいと言っている」「学生は電機産業に就職した先輩の動向をみているため、良い人材が電機に行かなくなる」といった声が聞かれたが、これらはまさに社会からみた日本の電機産業を映し出した意見として重く受け止めなければならない。そして、このような日本の電機産業に対する「負のイメージ」が、今、電機産業の「ブランド力」を低下させていることは否定できない。世界に誇る「技術力」を維持・向上するとともに、「負のイメージ」を払しょくすべく、安定的で良質な雇用を提供する産業としての「知名度・ブランド力」を維持・向上していくことが重要と考える。

3．電機産業の魅力を創造する「人財力」の強化にむけて

　グローバル競争の激化や為替影響などにより、アセンブリーを中心とした労働集約型の事業や大規模投資を必要とする事業などの海外流出が続いている昨今の状況において、日本国内で雇用を維持していくことは、労働組合にとって喫緊の課題である。したがって、新たな事業の創出を急ぎ、海外の経済成長を取り込み、日本国内の雇用の維持・拡大に向けた事業基盤を確立することが必要だと考える。こういった事業展開を成功に導くのはまさに「人」であり、「人」に対する考え方を、優れた技術力を活かし付加価値を生み出す「人財」として捉え、「人財」を活かすことが重要である。今回の調査結果から、当該企業が第一志望だった組合員の 62.8％、当該職種が第一志望だった組合員の 62.5％が、「電機産業は魅力的であ

る」と回答し、さらに、電機産業に魅力を感じている組合員の 85.3% が、仕事を通じた成長実感をもって働いていると回答していることがわかった。現在の日本の電機産業を支えているのは、こういった電機産業に魅力を感じモチベーションの高い「人財」であり、この高いモチベーションをいかに維持・向上させられるかが「人財」を活かす鍵である。それでは、現状として、労働者のモチベーションの維持・向上に係る環境は十分と言えるだろうか。

　この点に関し、自らの仕事の現状や満足度に対する若年層組合員の評価をみると、大半が自らの仕事を「多様な知識・技術が必要」で「意義や価値の高い仕事」と評価する一方で、「結果・成果の反響や手応え」が明確であるか否かについては評価がわかれている。この「結果・成果の反響や手応え」の明確さと成長実感との関係をみると、自分の仕事に対して、「結果・成果の反響や手応え」が明確であると評価する層のほぼ9割が仕事を通じた成長を実感しているのに対し、明確でないとする層ではその割合は4割程度にとどまる。

　また、「教育・研修制度」の満足度についても同様の傾向がみられる。「教育・研修制度」に＜満足している＞割合は 52.4% と、他の仕事や労働条件に関する項目に比べ相対的に低い。この「教育・研修制度」の満足度と成長実感との関係についてみても、より明確に「満足している」と回答した者の 85.8% が成長を実感して働いていると答えているのに対し、「不満である」層では、その割合は 54.2% にとどまり、成長を実感しないとする回答も 43.5% に及んでいる。

　以上の結果から、仕事の「結果・成果の反響や手応え」のなさや「教育・研修制度」への不満が、若年層組合員のモチベーションの維持・向上を阻害する要因となっている可能性がうかがえる。

　高い「技術力」や「ブランド力」に支えられた電機産業の魅力がモチベーションの高い「人財」を確保し、また、安定的で良質な雇用環境が、労働者の仕事への意識・モチベーションや満足度を高め、電機産業の魅力を創造し、向上させていく―この日本の強みをいかした循環が、電機産業の発展につながっていくものと考える。

「若年層からみた電機産業の魅力」研究委員会の構成

主　査
　豊田　義博　株式会社リクルート　ワークス研究所　主幹研究員

専門委員
　呉　　学殊　独立行政法人労働政策研究・研修機構　主任研究員
　上西　充子　法政大学　キャリアデザイン学部　准教授
　伊東　幸子　東京工業大学　学生支援センター　特任教授
　谷口　哲也　学校法人河合塾　教育研究部　部長

組合委員
　廣田　典昭　パナソニックグループ労働組合連合会　書記長
　石原　祐介　日立グループ労働組合連合会　日立製作所労働組合　中央執行委員
　森　　右京　NECグループ労働組合連合会　日本電気労働組合　中央執行委員
　渡嘉敷涼之　村田製作所関連労働組合連合会　村田製作所労働組合　専任中央執行委員
　伊藤　　徹　ケンウッドグループユニオン　事務局長
　相原　秀輝　アルプス技研労働組合　執行委員長

調査協力
　小倉　義和　労働調査協議会　専務理事
　加藤　健志　労働調査協議会　事務局長
　後藤　嘉代　労働調査協議会　調査研究員

事務局
　岡本　昌史　電機連合総合研究企画室　室長
　斉藤　千秋　電機連合総合研究企画室　事務局長
　小原　成朗　電機連合総合研究企画室　専門部長
　内藤　直人　電機連合総合研究企画室　書記　（2011年8月まで）
　宮崎　由佳　電機連合総合研究企画室　書記　（2011年8月より）
　原口　博靖　電機連合総合研究企画室　書記
　大林　紫乃　電機連合総合研究企画室　書記　（2012年4月より）

（所属および役職は2012年6月現在、敬称略）

※刊行本の編集・執筆（2012年7月より）は、以下のメンバーで行った。

　矢木　孝幸　電機連合総合研究企画室　室長
　伊東　雅代　電機連合総合研究企画室　事務局長
　宮崎　由佳　電機連合総合研究企画室　書記
　原口　博靖　電機連合総合研究企画室　書記

伸びるエンジニアを生み出す

2013年2月20日	編 集 人	豊田　義博／電機総研
	発 行 人	新開　英二
	印刷・製本	中央精版印刷株式会社
	発 行 所	(株)エイデル研究所
	102‐0073	東京都千代田区九段北4-1-9
		TEL. 03(3234)4641
		FAX. 03(3234)4644

ISBN 978‐4‐87168‐521‐4 C 3036